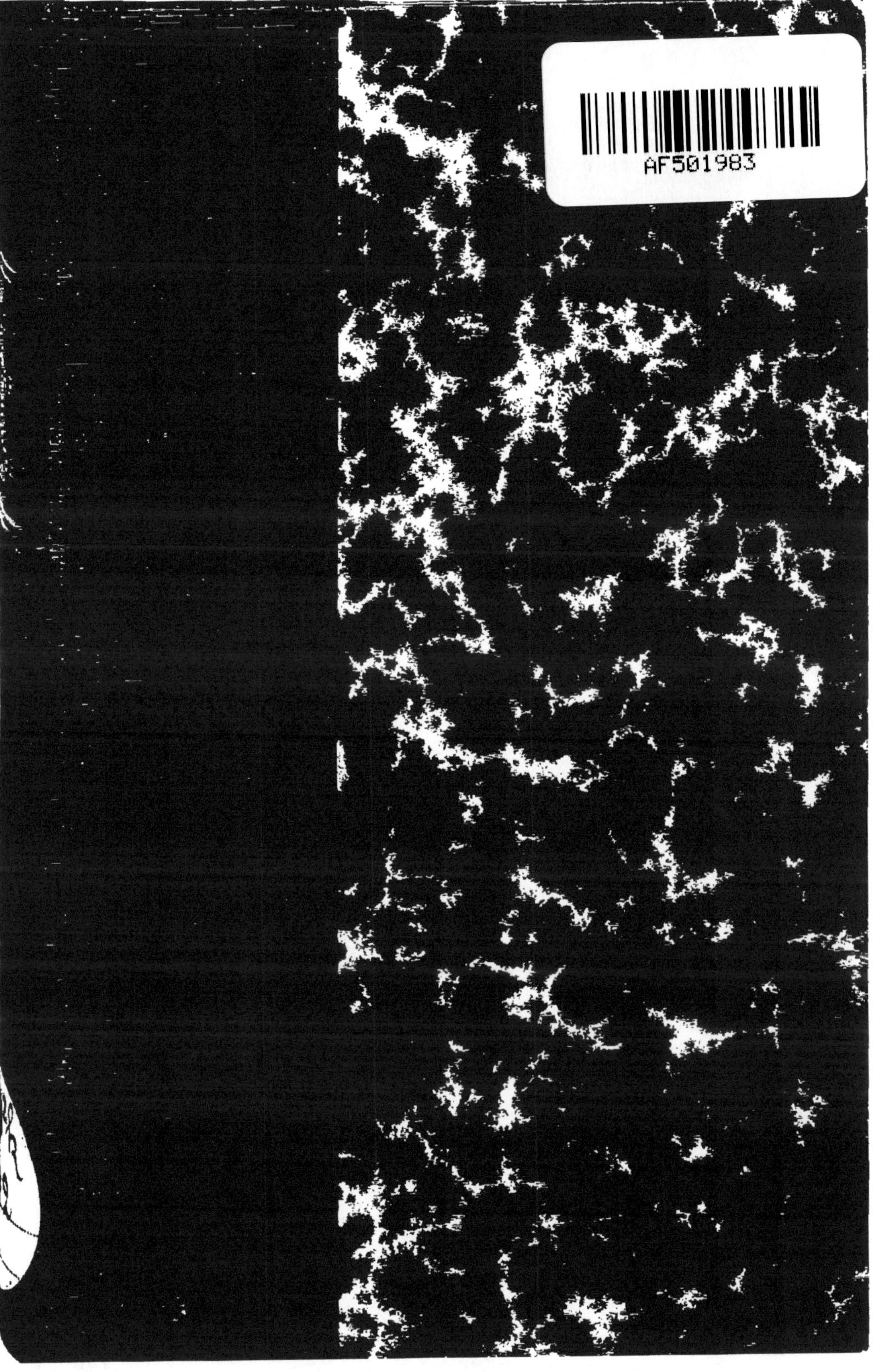
AF501983

LEMAIRE 1961

CACHEMIRE

ET

PETIT THIBET

D'APRÈS LA RELATION DE M. F. DREW

PAR

LE BARON ERNOUF

OUVRAGE ENRICHI D'UNE CARTE SPÉCIALE
ET DE ONZE GRAVURES

PARIS
E. PLON ET Cie, IMPRIMEURS-ÉDITEURS
RUE GARANCIÈRE, 10
1877
Tous droits réservés

E. PLON ET Cie, IMPRIMEURS-ÉDITEURS
8 ET 10, RUE GARANCIÈRE, A PARIS.

CACHEMIRE
ET
PETIT THIBET

D'APRÈS LA RELATION DE M. F. DREW

PAR

M. LE BARON ERNOUF

R.F. IMPRIMÉS
2723
620

PROSPECTUS

L'auteur de l'importante et curieuse relation dont nous offrons au public la transcription analytique, M. F. Drew, est un des hommes les plus distingués du corps des ingénieurs anglais. Chargé par le gouvernement britannique d'une mission auprès du maharaja de Cachemire, il a résidé pendant dix ans dans ces parages peu connus, qui forment l'extrême frontière des territoires sur lesquels s'étend l'influence anglaise du côté de l'Asie centrale.

8° O2k.
692

Les États du maharaja de Cachemire, vassal de l'Angleterre, comprennent, outre la célèbre vallée de ce nom, le gouvernement de Jummoo, limitrophe du Panjâb ; le Ladakh ou Petit Thibet, et d'autres contrées montagneuses qui se relient aux cimes les plus hautes, aux immenses glaciers de l'Himalaya et des monts Karakoram et Kouen-Loun. M. Drew a eu des facilités exceptionnelles pour explorer en détail ces régions qui n'ont encore été entrevues que par un petit nombre de touristes, et qui offrent les contrastes les plus saisissants. Quelques journées de marche suffisent pour passer de la vallée de Cachemire, vrai paradis terrestre, à des sites de l'aspect le plus sauvage, le plus terrible ; à des gorges que surplombent des montagnes dont plusieurs comptent parmi les plus hautes du globe, et vont aboutir à des glaciers aussi grands que la Suisse entière.

Cette relation contient aussi des détails absolument inédits sur le langage et les mœurs des diverses peuplades qui occupent ces vallées supérieures, et dont on trouvera les principaux types représentés dans les gravures. Sauf la vue de Sirinagar, capitale de la vallée de Cachemire, les sites et les monuments de cette con-

Bouddha sculpté dans le roc. (Ladakh.)

B N

trée, reproduits dans ce volume d'après les dessins de M. Drew, étaient absolument inconnus en Europe. Ce livre forme donc le complément indispensable de tous les ouvrages français publiés jusqu'ici sur l'Inde, même du plus beau et du plus complet, l'*Inde des rajas*, dont l'auteur, M. Rousselet, n'avait pu visiter les États du maharaja de Cachemire.

Cet ouvrage forme un beau volume in-18 jésus, orné de onze gravures.

Prix : 4 francs.

PARIS. TYPOGRAPHIE DE E. PLON ET Cie, 8, RUE GARANCIÈRE.

CACHEMIRE

ET

PETIT THIBET

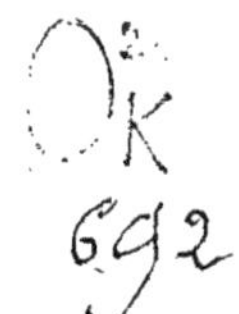

L'auteur et les éditeurs déclarent réserver leurs droits de traduction et de reproduction à l'étranger.

Ce volume a été déposé au Ministère de l'Intérieur (section de la librairie) en juin 1877.

PARIS. — TYPOGRAPHIE DE E. PLON ET Cie, RUE GARANCIÈRE, 8.

VUE [illegible]NAGAR.

BIBLIOTHÈQUE NATIONALE RF

CACHEMIRE

ET

PETIT THIBET

D'APRÈS LA RELATION DE M. F. DREW

PAR

M. LE BARON ERNOUF

BIBLIOTHÈQUE NATIONALE IMPRIMÉS

PARIS

E. PLON ET Cie, IMPRIMEURS-ÉDITEURS
8, RUE GARANCIÈRE

1877

Tous droits réservés.

AVANT-PROPOS

Il s'est écoulé déjà plus de deux siècles depuis que Bernier, voyageur français justement célèbre, a fait le premier connaître à l'Europe « le paradis terrestre des Indes », le royaume de Cachemire, où il avait accompagné l'empereur Aureng-Zeb. L'exactitude de ses récits fut confirmée, vers la fin du dix-huitième siècle, par le touriste anglais Forster. Elle vient de l'être de nouveau par M. Drew, auteur de l'ouvrage le plus complet qui ait encore paru sur le Cachemire et les territoires limitrophes, placés depuis 1846 sous la juridiction d'un souverain (*Maharaja*) *indépendant*, mais solidement lié par des traités au gouvernement britannique.

Ce travail, dont nous avons transcrit, avec l'autorisation de l'auteur, les parties les plus intéressantes, dégagées des détails purement scientifiques ou techniques, est le résultat de dix années d'explorations et d'études locales, faites dans les meilleures conditions par un homme très-compétent. M. Drew, ingénieur des mines distingué, a été l'un des principaux collaborateurs de la grande carte des Indes de Survey, la plus étendue et la plus exacte qui ait paru jusqu'ici. En 1862, il passa du service de l'Angleterre à celui du maharaja de Cachemire ; ou plutôt, pour appeler les choses par leur nom, il fut détaché en qualité d'ingénieur auprès de cet allié du gouvernement anglais, parce que celui-ci désirait être renseigné sur les ressources métallurgiques et forestières qu'offrent ces territoires. « Pendant les premières années, dit M. Drew, je m'occupai de recherches géologiques et minéralogiques. Elles m'ont donné l'occasion de faire de nombreuses courses dans ces montagnes, qui comptent parmi les plus hautes et les plus pittoresques de l'Asie et du monde entier. Je fus ensuite placé par *mon maître* (le maharaja Ranbîr-Singh) à la tête de l'administration de ses forêts, puis nommé gouverneur du Ladakh (ou Petit Thibet, aujourd'hui séparé du Grand Thibet, et annexé aux États de Cachemire). J'ai quitté ce poste pour retourner en Angleterre, après avoir passé dix ans au service de S. H. Ranbîr-Singh, auquel je ne saurais être trop reconnaissant de la bienveillance qu'il m'a témoignée, dans des circonstances souvent très-délicates... » Aussi l'ouvrage de M. Drew est dédié « A Sa Hautesse le Maharaja Ranbîr-Singh, souverain de Jummoo et Cachemire, avec les vœux sincères de l'auteur pour la prospérité de sa famille et de son gouvernement, *et pour le bien-être de ses sujets* ». C'est probablement le premier hommage de ce genre que reçoit un souverain hindou. Il fait honneur à celui-ci, aussi bien qu'à M. Drew.

Il y a encore une chose que notre auteur ne dit pas, mais qui ressort clairement de plus d'un passage de son livre : c'est qu'il a fait l'usage le plus honorable et le plus habile de son crédit auprès de Ranbîr-Singh, en déterminant l'abolition d'odieuses coutumes, comme l'incinération des veuves ; en réalisant ou suggérant d'importantes améliorations économiques, agricoles et forestières ; en soulageant de son mieux les pauvres habitants des montagnes. Il a aussi contribué à ouvrir des voies nouvelles et avantageuses au commerce de l'Inde avec l'Asie centrale, à travers des parages longtemps inconnus, des déserts et des gorges qui passaient pour infranchissables... En un mot, le long séjour de M. Drew dans les « Jummoo and Kashmeer Territories » aura profité non-seulement à l'Angleterre, mais à l'humanité.

Cette relation apporte à la science et aux touristes bien des documents nouveaux et curieux, tant sur l'État de Cachemire proprement dit que sur d'autres pays bien moins connus, qui font également partie des possessions de Ranbîr-Singh. C'est un tableau fidèle de cette région tout à la fois attrayante et effrayante, qui offre dans un espace relativement restreint les contrastes les plus extrêmes de la nature ; quelque chose comme l'*Éden* de Milton, avec des échappées sur l'*Enfer* de Dante ! Ajoutons que les événements qui, dans ce moment même, s'accomplissent ou se préparent en Orient donnent à cette œuvre un intérêt particulier d'actualité. Les États de Ranbîr-Singh forment aujourd'hui, en réalité, le contre-fort extrême de l'Inde anglaise parmi des populations indépendantes, parfois même hostiles ; et le gouvernement britannique suit avec inquiétude de ce côté, à une distance qui diminue incessamment, les progrès de l'influence russe.

Nous avons fidèlement reproduit les excursions de M. Drew dans le Baltistan, le Dârdistan, le Ladakh et sur ces plateaux limitrophes du Thibet, d'une altitude supérieure aux plus hauts sommets de nos Alpes. On verra que l'exploration de ces montagnes offre tous les genres de périls réunis, y compris celui des brigands. Cette partie de la relation anglaise contient des détails importants et précis sur des contrées dont le nom même était à peine connu en France.

Dans les chapitres consacrés à l'Éden

cachemirien, nous nous sommes quelquefois permis de joindre aux descriptions de M. Drew celles de Bernier, qu'il indiquait d'ailleurs lui-même. Ce rapprochement entre deux observateurs intelligents et véridiques, contemplant les mêmes lieux à deux siècles de distance, a son intérêt et son utilité. Il y a d'ailleurs dans ce souvenir d'initiative française quelque chose de consolant pour notre amour-propre national, aujourd'hui si rudement éprouvé. Suivant l'heureuse expression de l'historien du *Comte de Plélo*, « la France n'a pas trop de toutes ses gloires passées, pour se consoler des tristesses du présent, et prendre confiance dans l'avenir[1] ».

Baron Ernouf.

[1] Rathery, *le Comte de Plélo*, p. 297, Plon.

Nous avons aussi cru devoir emprunter à quelques écrivains anglais des plus autorisés, et à l'estimable ouvrage de M. de Valbezen : *les Anglais dans l'Inde*, certains détails complémentaires bons à connaître, et sur lesquels M. Drew avait dû glisser légèrement, en raison de sa situation particulière vis-à-vis du maharaja.

BIBL. ... IMPRIMÉS

LE CACHEMIRE

BIBLIOTHÈQUE NATIONALE RF IMPRIMÉS

PREMIÈRE PARTIE

GOUVERNEMENT DE JUMMOO OU DJUMMOU.

I

Délimitation des États de Jummoo et Cachemire.

Les territoires dont le gouvernement britannique a conféré la possession à Gulab Singh, père du Maharaja actuel, par le traité d'Umritsur, du 16 mars 1846 [1], sont désignés par les indigènes sous le nom collectif de Jummoo (Jummou ou Djummou) ; par les Anglais, sous celui de Kashmeer, Cachemire. Les uns et les autres prennent improprement pour le tout deux parties absolument distinctes.

[1] Voir à l'*Appendice* le texte de ce traité.

Ces territoires, dont la superficie totale est évaluée à 68,000 milles carrés, se composent d'une fraction notable des bassins supérieurs de l'Indus et de ses deux principaux affluents, le Jhélam et le Chinâb. Ils sont divisés en plusieurs gouvernements ou circonscriptions administratives, qu'habitent des populations appartenant à des races fort diverses : au sud, le Jummou; au centre, le Cachemire; au nord, le Baltistan, le Dardistan et le Ladakh, collectivement désignés sous la dénomination de gouvernements lointains (*Outlying*).

Politiquement, le Maharaja de Jummoo et Cachemire est tributaire du gouvernement de S. M. la Reine-Impératrice des Indes, avec des relations définies par des traités. Ce souverain, d'ailleurs *presque* (*nearly*) indépendant pour l'administration intérieure de ses États, est obligé de marcher absolument d'accord, pour les questions de politique extérieure, avec le gouvernement anglais [1].

[1] Cette quasi-indépendance ressemble fort, comme on voit, à celle des États allemands du Sud, depuis la résurrection de l'empire d'Allemagne. Tous les princes hindous sont pareillement liés par des traités qui, en retour de la protection anglaise, les obligent à fournir au besoin des contingents. Seulement, les Anglais, connaissant le désordre des administrations

Ces États comptent à bon droit parmi les plus accidentés de l'univers. Ils sont bornés d'abord au sud et au sud-ouest par le Panjâb, pays des Sikhs ou des Cinq-Rivières, aujourd'hui annexé plus ou moins immédiatement à l'Inde anglaise. Ces cinq rivières sont l'Indus et ses principaux affluents, le Jhélam, le Chinâb, le Râvi, le Sutledge. Les deux premiers débouchent directement des possessions du Maharaja dans les plaines du Panjâb. L'Indus n'y arrive qu'après avoir parcouru dans l'intervalle une contrée encore à peu près inconnue, et d'un accès difficile sous tous les rapports, le *Yaghistan.*

Les parties les plus montueuses du Panjâb

militaires chez leurs alliés, ont eu soin de fixer le chiffre des contingents, *et de faire affecter à perpétuité le revenu de certains districts à l'entretien de ces forces et des états-majors, composés d'officiers anglais détachés;* ce qui ressemble fort à un prélude d'annexion. Pour ménager les apparences, les ordres arrivent non pas directement par le commandant en chef anglais, mais aux résidents anglais, par l'intermédiaire du *Foreign Office.* Au fond, c'est bien la même chose, mais la forme! — Une autre clause commune à tous ces traités, clause que nous retrouvons dans l'article 7 de celui d'Umritsur (Amritsir), c'est l'engagement imposé à tous ces princes *indépendants* de ne prendre à leur service aucun Européen ou Américain sans l'agrément du gouvernement britannique. Cette stipulation a été inspirée par le souvenir inquiétant des services militaires rendus par le général Allard à Runjit Singh, l'ancien patron de Gulab. (T.)

qui confinent aux territoires du Maharaja (districts de Chamba et Lahol au sud, Hazzara et Khajân au sud-ouest) ont encore des chefs indigènes, mais placés sous l'étroite dépendance du lieutenant-gouverneur du Panjâb. Le reste est du territoire anglais *pur et simple,* depuis 1849.

Plusieurs de mes premières tournées d'exploration dans les parties les plus abruptes des États du Maharaja ont eu pour but d'en préparer la délimitation. Dans la fraction du territoire du Jummoo qui confine à la plaine du Panjâb, c'est-à-dire depuis Madhopur, sur le Râvi, jusqu'à Jhélam, sur la rivière du même nom, la frontière était nettement indiquée par le traité anglais; nous n'avons eu que la peine de placer, de distance en distance, des piliers indicateurs.

C'est ensuite le cours du Jhélam qui forme la séparation jusqu'à Mouzafarabad, où cette rivière tourne brusquement de l'est au sud, en sortant du pays de Cachemire. A partir de ce point, nous avons adopté pour frontière le faîte des montagnes déjà hautes d'au moins 3,000 mètres, qui forment la ligne de partage des eaux entre le territoire du Cachemire et celui du pays de Khajân, limite extrême des dépendances du Panjâb dans le nord.

Le travail ultérieur de délimitation offrait de sérieuses difficultés. Du côté du nord-ouest, les États du Maharaja confinent à une portion encore inexplorée de la vallée de l'Indus supérieur, habitée par des peuplades farouches et plus qu'indépendantes. Plusieurs de ces tribus limitrophes, notamment les Chilâs, l'une des plus considérables, jouissent des douceurs du régime républicain, ce qui ne les empêche nullement de guerroyer entre elles sans relâche, de réduire en esclavage leurs prisonniers et d'en trafiquer. Il en est de même parmi les tribus congénères, soumises au régime monarchique. C'est encore aujourd'hui la branche de commerce d'exportation la plus florissante dans ces parages.

Les Chilâs faisaient autrefois de fréquentes razzias d'hommes, de femmes et de troupeaux, jusque dans le district d'Astor, qui dépend du Maharaja. Après bien des péripéties dont on trouvera plus loin le détail, celui-ci est arrivé à faire mieux respecter ses frontières. Il a contraint les Chilâs à se tenir tranquilles, et à lui payer un tribut annuel de cent chèvres et deux onces d'or. D'autres peuplades riveraines de l'Indus entretiennent aussi des relations amicales avec Rambîr-Singh. Elles lui font à l'occasion de petits cadeaux, mais en reçoivent de plus importants en retour, si bien qu'on ne saurait trop dire lequel est tributaire de l'autre. Il n'y a rien là encore qui ressemble à des relations de vassal à suzerain; aussi j'ai cru devoir m'abstenir de comprendre dans les États du Maharaja les habitants de cette région, connue sous le nom significatif de *Yaghistan*, qui veut dire pays des rebelles ou des indomptables.

A partir de l'endroit où ces États cessent d'être limitrophes de populations tributaires de l'Angleterre, nous avons donc fait décrire à la frontière cachemirienne un angle rentrant assez marqué. Cet angle suit la ligne de faîte du massif formé par l'énorme mont *Nangâ-Parbat* (montagne nue) ou *Dyiamir*, l'un des plus élevés du globe, et par les pics voisins, qui se dressent entre la vallée de l'Astor où le Maharaja entretient des garnisons, et la région accidentée et à peu près inconnue qu'arrose l'Indus depuis sa sortie du territoire cachemirien jusqu'à son entrée dans le Panjâb. La frontière atteint et passe ce fleuve au lieu nommé *Hatu Pir*. Ensuite, se prolongeant dans l'ouest, elle suit une chaîne de hauteurs qui enveloppent le gouvernement de Gilgit, placé comme en sentinelle avancée parmi les tribus du Yaghistan septentrional ou Yasin, voisines encore plus incommodes que celles du Yaghistan méridional. Cette chaîne, d'une élévation relativement médiocre dans le voisinage de l'Indus, se relève par degrés à mesure qu'on avance vers le nord, où elle se relie aux montagnes géantes de Karakoram.

Au nord et à l'est, les massifs formidables des monts Karakoram et Kouen-Loun séparent du Turkestan oriental et du grand Thibet les territoires attribués par le gouvernement britannique à Gulab-Singh. On remarquera qu'à partir du col de Karakoram, haut de plus de 5,500 mètres, la frontière des États du Maharaja n'est plus indiquée sur notre carte que par un faible pointillé, jusque bien avant dans le sud-est. C'est qu'en effet cette désignation de limites est forte hypothétique; elle englobe d'immenses plateaux déserts, hauts de 5,000 mètres et davantage, d'une stérilité incorrigible, et où il n'existe, sur de vastes espaces, d'autre eau que des lacs salés.

A l'époque où l'on s'occupait de fixer ces limites, je représentai vainement que cette extension démesurée du côté de l'est n'était pas conforme à l'état présent de l'occupation; qu'elle ne pouvait d'ailleurs être considérée comme sérieuse, n'ayant pas été arrêtée d'un commun accord avec les puissances limitrophes, la Chine et le Turkestan.

La ligne de partage entre le grand Thibet et le petit, ou Ladakh, qui fait partie des États du Maharaja, se retrouve enfin plus nettement accusée à partir de la vallée de Changchenmo (passage d'un grand avenir pour les communications de l'Inde avec l'Asie centrale), jusqu'au point où cette ligne rejoint la frontière anglo-indienne. Le tracé de cette section a été fait d'après les renseignements que j'avais recueillis sur la répartition des pâturages d'été de ces montagnes entre les bergers du Ladakh et ceux du grand Thibet.

II

Dénombrement des sujets du Maharaja. — Hindous, mahométans, bouddhistes. — La ville de Jummoo. — Aspect général ; place *Mandî;* audiences du souverain. — Fêtes et réjouissances publiques.

Jusqu'à ces derniers temps, S. E. Ranbîr-Singh, Maharaja de Cachemire, n'avait que des renseignements assez vagues sur le nombre des habitants de ses États. Il sait mieux aujourd'hui à quoi s'en tenir, grâce au dénombrement fait en 1873 par le *diwân* (ministre d'État) Kirpâ-Râm, un homme de progrès. Voici les principaux résultats de cet essai de statistique, le premier qui ait été fait dans ces contrées.

Le total de la population de ces territoires est évalué à 1,534,972 âmes, dont 861,075 pour le gouvernement de Jummoo, 491,846 pour celui de Cachemire, 77,566 pour le district de Punch, gouverné séparément par un petit raja, cousin et vassal de Ranbîr Singh ; enfin, 104,485 pour le Ladakh, Gilgit et le Baltistan, compris sous le vocable commun d'*Outlying governments*.

Cette population offre un bizarre assemblage des cultes les plus divers. Dans le Jummoo, on compte 437,274 Hindous, 337,544 musulmans, 86,257 individus appartenant à d'autres sectes. Plusieurs de ceux-là font un bizarre amalgame de la religion de Mahomet et de pratiques de l'ancien culte. Dans le Cachemire, les mahométans sont en immense majorité : 427,000 (chiffres ronds) sur 491,000. Il en est de même dans le district séparé de Punch, où l'on a trouvé 71,000 musulmans sur 77,000 habitants. Dans les gouvernements de Gilgit et de Skardû (Dârdistan et Baltistan), presque toute la population est mahométane, comme dans le Cachemire. On y a compté 81,500 musulmans contre 2,569 Hindous. Enfin, dans le petit Thibet, c'est l'élément bouddhiste qui domine presque exclusivement; 20,254 sectateurs de Bouddha contre 260 mahométans et seulement 107 Hindous. Il paraît que pendant les premières années de ce siècle, le mahométisme s'était introduit dans ce pays et y faisait des progrès. Mais cette propagande a fini depuis l'annexion du Ladakh au Cachemire. Le Maharaja n'a dans ses sujets musulmans qu'une confiance fort limitée ; il leur préfère non-seulement les Hindous, ses coreligionnaires, mais les bouddhistes, dont le culte se rapproche du sien.

Ces *Outlying governments* sont cinq ou six fois plus étendus que le Jummoo et le Cachemire réunis. Ils sont en même temps dix fois moins peuplés, étant composés en majeure partie de sommets inaccessibles, de glaciers et de hauts plateaux inhabités et inhabitables.

Les détails de ce dénombrement peuvent donner lieu à plusieurs observations curieuses. Ainsi, on remarque en général une disproportion assez forte entre le nombre des hommes et celui des femmes : dans le Jummoo, 441,000 hommes et seulement 419,000 femmes, et ainsi ailleurs. C'est que les recenseurs, par égard pour les susceptibilités intimes des indigènes, n'ont pas fait figurer dans leur travail les *ladies of rank* ou *parda-nishim*, c'est-à-dire les femmes de la classe aisée, vivant dans un état de séquestration complet. Cette réserve a été pratiquée d'une façon encore plus absolue en ce qui concerne le petit nombre d'Hindous qui habitent les *Outlying governments*. Dans le total de 2,569 Hindous dispersés sur cette vaste étendue de territoire, le beau sexe n'est représenté que par trois femmes sans préjugés, inscrites dans le Dârdistan (Gilgit).

On voit, par ce dénombrement, que la fraction de beaucoup la plus importante des États du Maharaja, par le chiffre de la population, est le gouvernement de Jummoo, qui en forme la partie méridionale. C'est aussi, naturellement, celle qui renferme la plus grande étendue de terres cultivées.

Ce gouvernement est divisé en sept districts. Les Hindous sont en majorité dans celui de Jummoo (berceau de la dynastie), dans ceux de Jasrota, Riasi, Udampur et Ramnagar. Les musulmans l'emportent dans ceux de Minawar (le plus peuplé de tous) et de Naushahra. C'est dans ce dernier district qu'ils sont en plus grande majorité : 89,184 sur 111,888 ; tandis que dans celui de Ramnagar ils forment à peine le dixième de la population : 8,843 sur un total de 79,477.

Le nombre des habitants de la ville de Jummoo, résidence du Maharaja, forme un article séparé dans cette statistique. On était si imparfaitement renseigné avant le travail du ministre d'État Kirpâ-Râm, que moi-même, après avoir longtemps séjourné dans cette ville à diverses reprises, je ne croyais pas que sa population permanente dépassât le chiffre de 20,000 âmes, tandis qu'elle est en réalité de plus du double (44,897, dont 11,814 musulmans). Sirinagar, chef-lieu du gouvernement de Cachemire, est une ville bien autrement considérable, qui, par son importance comme par sa position plus centrale, semblait mériter la préférence du souverain de ces nouveaux États. Mais des considérations graves, indiquées plus loin, le retiendront probablement toujours à Jummoo.

C'est, d'ailleurs, une assez belle ville, fièrement campée sur la croupe d'une colline, à 400 mètres au-dessus du niveau de la mer. On y arrive de Lahore et d'Umritsur par deux routes qui se rejoignent à peu de distance de Jummoo, après un parcours de quelques milles sur le territoire du Maharaja. Ce sont, par parenthèse, les deux seules routes carrossables qui existent encore dans ces États. Partout ailleurs on n'y peut circuler qu'avec des chevaux ou plutôt des poneys, des yaks, et parfois des éléphants ou des chameaux à deux bosses.

Assise sur un des premiers contre-forts de cet énorme massif qui recèle les montagnes les plus hautes du globe, et fait la contre-partie des immenses plaines de l'Inde, Jummoo produit surtout un bel effet sur les voyageurs qui arrivent de Lahore. Après avoir cheminé bien des jours sous un ciel de feu, à travers l'uniformité persistante des cultures ou des jungles, sans que l'horizon implacable trahisse le moindre accident de terrain, on aperçoit enfin, à une distance prodigieuse, les coupoles des temples hindous de Jummoo. L'un d'eux, de dimension médiocre, mais étincelant de dorures, a été récemment construit en mémoire de Gulab-Singh, fondateur de la nouvelle dynastie.

On traverse un vaste bazar, puis un labyrinthe de ruelles étroites et populeuses, et l'on arrive sur la place principale, appelée *Mandi*, vaste emplacement irrégulier, sur lequel donne l'entrée principale du palais. Cette place est entourée de bâtiments à arcades, où les employés du gouvernement ont leurs logements et leurs bureaux. C'est dans l'un de ces édifices qu'a lieu tous les jours, de neuf à dix heures du matin, le *darbar* ou audience publique du souverain.

Ces audiences offrent une bigarrure singulièrement pittoresque de physionomies et de costumes. On y voit figurer des Hindous de toutes les castes, des habitants de la montagne et de la plaine, des Thibétains, des Afghans, des pèlerins de la Mecque et du Gange, des marchands qui partent pour l'Asie centrale ou en arrivent, des plaideurs et plaideuses, et même des criminels enchaînés attendant leur arrêt, car le rôle des magistrats de Jummoo et Sirinagar se borne à l'instruction des procès civils et criminels. C'est le souverain seul qui juge en dernier ressort, et prononce lui-même les sentences.

Outre ces audiences quotidiennes, le Maharaja en tient quatre extraordinaires, à l'occasion des quatre grandes fêtes de l'année : *Basout Panchmâ* (printemps) ; *Nauroz* (été) ; *Saîr* (automne) ; *Dasera* (hiver). Aux deux premières, tout le monde est vêtu de jaune ; à la troisième, de vert. La quatrième n'est autre que l'anniversaire, — célébré d'ailleurs dans l'Inde entière, — de la victoire de Râma sur Râvana, de l'homme sur le singe, souvenir d'une lutte *parricide*, s'il fallait en croire quelques théories de savants modernes.

A chacune de ces fêtes des saisons, les fonctionnaires publics font au Maharaja des cadeaux (*nazar*) proportionnés à l'importance de leurs offices. A celle de l'automne, tous les artisans et boutiquiers de Jummoo et des localités voisines apportent également au souverain, à titre de *nazar*, un spécimen de leur industrie.

Il y a encore plusieurs autres solennités, comme le *Diwali* ou fête des illuminations (de *Diwa*, lampe), qui se célèbre à l'entrée de l'hiver en l'honneur de *Laksmî*, déesse de la richesse, un Plutus femelle. Ce jour-là, les commerçants réunissent en un tas tout l'argent monnayé qu'ils ont chez eux, et font de grandes génuflexions devant ce symbole improvisé. Une autre pratique pieuse, d'un usage à peu près général ce jour-là, consiste à tâcher d'escamoter adroitement de l'argent ou n'importe quoi. On croit qu'un larcin réussi pendant le *Diwali* porte bonheur pendant toute l'année suivante.

Parmi ces fêtes, la plus originale est le *Hôli*, espèce de carnaval. Cette solennité burlesque est mobile; elle tombe tantôt en février, tantôt en mars. Elle n'est pas particulière à la cour de Jummoo, mais nulle part on ne la célèbre avec autant d'apparat. Tout le monde, y compris le souverain, se barbouille la figure avec des poudres de différentes couleurs, et s'asperge réciproquement avec d'énormes seringues. A un moment donné, sur un signe du Maharaja, toute la population se divise en deux bandes qui simulent une escarmouche en se lançant des balles remplies de matières gluantes et des poignées de poudres colorées, jusqu'à ce que l'air en soit totalement obscurci.

Je citerai encore le *Lori*, qui est à la fois une cérémonie religieuse et un jour de réjouissances publiques. Cette fête se célèbre de temps immémorial dans tout le Panjâb, mais non dans le reste de l'Inde. Sur la place principale de Jummoo, on fait un grand feu autour duquel le peuple se range, *après avoir fait préalablement ses dévotions au temple voisin*. On décapite une chèvre blanche dont la tête est jetée en grande cérémonie dans le feu; après quoi, tout le monde, le souverain comme les autres, y lance des poignées de grains. Dans la soirée, chaque habitant allume devant sa porte un petit feu à l'imitation du grand. Je n'ai pu découvrir en l'honneur de quelle divinité se faisait cette cérémonie [1].

[1] Elle est probablement d'origine sabéenne, et présente une analogie curieuse avec nos *feux de la Saint-Jean*. (T.) — Dans un massif de montagnes, situé au confluent du Chinâb et de l'Ans, où l'on exploite des mines de fer, les mineurs, quoique mahométans, ont aussi une fête annuelle célébrée par le sacrifice d'une chèvre.

III

Noces d'une fille du Maharaja. — Banquet; défilé processionnel de la dot *en nature*, etc. — Derniers et mémorables exemples de *Sutty*, ou incinération des veuves. — Avantages et inconvénients du séjour de Jummoo.

De toutes les fêtes auxquelles j'ai assisté à Jummoo, la plus brillante fut celle du mariage de l'une des filles du Maharaja, en 1871. Il y avait près d'un siècle que pareille solennité n'avait eu lieu dans le pays; car la coutume de tuer les filles à leur naissance était encore en vigueur dans la caste dirigeante il y a peu d'années. On a beaucoup disserté sur l'origine de cet usage barbare. L'opinion la plus vraisemblable, si bizarre qu'elle puisse paraître en Europe, c'est qu'on agissait ainsi par économie. On supprimait les filles, pour s'épargner dans l'avenir les dépenses ruineuses que l'usage contraignait de faire, par amour-propre, pour leur établissement. Il est possible aussi que cette coutume se soit établie d'abord chez les *Mians* ou nobles militaires, voués exclusivement à la profession des armes.

Ce fut Gulab-Singh qui prit l'initiative d'un retour à des mœurs plus humaines, en fiançant sa petite-fille, fille du Maharaja actuel, au fils d'un raja voisin, l'un de ceux dont les États sont aujourd'hui du territoire anglais *pur et simple*. Les deux fiancés étaient encore en bas âge ; aussi le mariage, retardé encore par d'autres motifs, n'a eu lieu qu'au printemps de 1871. Le futur avait déjà vingt ans et la future quinze, ce qui est déjà bien vieux pour des mariés dans ce pays. Le Maharaja fit les choses magnifiquement; la dot, tant en argent comptant qu'en vaisselle, bijoux, trousseau, bétail, chameaux, vaches, éléphants et chevaux superbement caparaçonnés, valait au moins 70,000 livres sterling (1,750,000 francs), non compris les présents offerts aux époux par les officiers du souverain. Les bijoux, la vaisselle d'or et d'argent massif, l'or et l'argent monnayé, les chaussures en tissu d'or rehaussé de pierreries, les éventails de toute forme et de toute grandeur, les étoffes précieuses, brocarts, soies et mousselines brochées d'or, remplissaient plusieurs salles du palais; il y avait surtout une profusion incroyable de colliers faits de pièces d'or enfilées. Dans la cour intérieure, on avait exposé les objets de sellerie, qui n'étaient guère moins luxueux que les parures de l'épousée; les selles, harnais, brides et colliers avaient des ornements d'argent massif et des clochettes du même métal. Il y avait là aussi le *Dhola* ou palanquin destiné aux jeunes époux, tout couvert de brocart d'or; quantité de beaux tapis, de belles armes, même d'ustensiles de cuisine, et jusqu'à une ample provision de fers de chevaux.

Cette noce dura trois jours. Le premier, il y eut une promenade publique en grand apparat du fiancé et de son père, se rendant chez le Maharaja avec une brillante escorte. Ils furent reçus en grande cérémonie par Renbîr et ses principaux officiers, dans la plus belle salle du palais, le *Shîsh-Mahal,* ou salon des miroirs. Pendant toute cette visite de cérémonie, ainsi qu'à l'aller et au retour, on tira force bombes, fusées et autres pièces d'artifice.

Ce fut pendant la nuit suivante qu'eut lieu, suivant la coutume, la célébration du mariage proprement dit, à laquelle je n'eus pas l'honneur d'assister, attendu qu'elle se fait absolument en famille (*great pivacy*). Le père même du marié n'y figurait pas. Il ne s'y trouvait, outre les futurs, que le Maharaja, père de la mariée, deux de ses plus proches parents, et les deux *pandits* ou prêtres officiants. La *Maharanî* (mère de la mariée) y assistait aussi, cachée derrière un rideau, mais reliée (*connected*) à son époux par une écharpe, dont ils tenaient chacun un bout. La cérémonie, dont les rites sont, paraît-il, fort compliqués, dura plus de deux heures, après quoi le jeune mari s'en retourna chez son père comme si de rien n'était. L'unique agrément qu'il ait pendant cette nuit de noces, c'est d'être accablé de sottises, à l'arrivée et au départ, par les femmes de la maison de la mariée, qui lui chantent des chansons injurieuses. Bien entendu, cette méchante réception est de stricte étiquette; les choses se passent de même, et quelquefois encore plus mal pour le nouvel époux, dans d'autres parties de l'Inde.

Le second jour des noces, il n'y eut de réjouissances que chez le marié et autour de sa maison. Tout resta absolument silencieux chez la mariée, et le Maharaja tint son audience à l'heure ordinaire.

Le matin du troisième et dernier jour, il y eut banquet solennel de 700 *couverts*; dans la cour intérieure du palais, sous la présidence du Maharaja. On servit à chaque convive de douze à quinze mets différents, en finissant par une ample portion de riz. Mais il n'y avait d'autre boisson que de l'eau pure; aussi tout se passa avec une décence et un calme exemplaires. Sous ce rapport, les dîners de noce hindous sont infiniment plus convenables que la plupart de ceux des nations les plus civilisées de l'Occident.

Cette journée se termina par le départ de la mariée, et le déménagement processionnel de tous les objets animés et inanimés faisant partie de sa dot. C'est le dernier et le plus curieux épisode de ces pompes nuptiales. Tous les officiers du souverain, dont je faisais alors partie, étaient réunis à la porte du palais; derrière nous se pressait la population de Jummoo, faisant la haie pour assister au défilé. Nous vîmes passer successivement d'abord cinquante et une vaches (nombre sacré) et autant de buffles, avec couvertures rouges et jaunes et colliers d'argent; puis encore cinquante et un chameaux de premier choix, avec couvertures en étoffe de laine fine également jaune et rouge; plus trois cents chèvres et moutons. Ensuite, venait le trousseau de la mariée, renfermé dans des paniers couverts, portés par des coolies qui cheminaient deux par deux. Ils étaient suivis de cent gardes en grand uniforme, tenant chacun une bourse de mille roupies, ce qui formait la totalité de la dot en argent monnayé (un lakh ou 100,000 roupies, 750,000 francs), promise par le Maharaja. A la suite, marchaient les chevaux et trois éléphants richement caparaçonnés, faisant aussi partie de la dot.

Enfin, nous vîmes paraître, non pas les mariés, mais le somptueux palanquin qui les renfermait, si soigneusement clos de toutes parts qu'il était absolument impossible d'en deviner le contenu. C'est dans ce trajet qu'a lieu la première entrevue des jeunes époux. Ils ne se sont jamais aperçus ni avant, ni même pendant la cérémonie du mariage, car dans ce moment-là ils sont tous deux voilés de la tête aux pieds. Le Maharaja accompagna le palanquin jusqu'au seuil du palais, mais sans faire un pas au delà, et rentra aussitôt dans son appartement dont il ne sortit plus. Cette prompte disparition du père de la mariée est de stricte étiquette et ne manque pas de caractère. Un frère de l'époux cheminait à pied auprès du palanquin, la main sur un des appuis. La marche était fermée par une troupe de chanteurs et de musiciens, s'escrimant avec rage sur des tam-tams et autres instruments de percussion, et par des trésoriers du Maharaja, montés sur un éléphant, d'où ils faisaient largesse, jetant au peuple quelques roupies d'or et force roupies d'argent.

Grâce à l'influence anglaise, les jeunes mariées de ce pays n'ont plus aujourd'hui la perspective d'être brûlées plus ou moins volontairement en cas de prédécès de leurs époux. Toutefois, cette coutume, non moins inhumaine que l'infanticide, n'a disparu que depuis très-peu d'années de la contrée dont il s'agit ici. On peut même dire, sans métaphore, que cet usage trop caractéristique y a jeté de vives lueurs avant de disparaître. En 1843, lors du décès de Soochet-Singh, oncle du Maharaja actuel, les *cent cinquante* femmes qui composaient son gynécée principal furent brûlées vives avec son corps à Ramnagar, sa résidence ordinaire. Une petite succursale de vingt-cinq femmes qu'il avait à Jummoo subit le même sort. Il y eut encore une exécution du même genre, de mon temps, en 1863, lors de la mort violente et mystérieuse de Jowahir Singh, cousin du Maharaja. J'ai vu de mes yeux les trente-deux veuves du susdit Jowahir sur le bûcher, composé d'un énorme amas de fagots qu'on avait arrosés préalablement de *ghí* (beurre fondu), pour augmenter l'ardeur du feu. Une autre fois, je vis une veuve unique, installée auprès du cadavre de son mari dont elle tenait la tête sur ses genoux, s'échapper en poussant d'horribles cris, au moment où le bûcher s'embrasait. Les religieux assistants, scandalisés, rejetèrent cette malheureuse au milieu des flammes, et *parfirent ainsi la cérémonie!* J'étais le seul Européen présent à cet affreux spectacle. Arrivé, d'ailleurs, depuis fort peu de temps, j'étais condamné à une attitude passive. Si j'avais voulu faire entendre raison à cette horde de fanatiques, je n'y aurais gagné bien certainement que de tenir compagnie à la victime.

Aujourd'hui, grâce à Dieu, la pratique de l'incinération des veuves (*sutty*) a cessé entièrement dans les États de S. H. Ranbîr-Singh [1].

Jummoo n'est pas une place forte, mais on y remarque çà et là, sur les points les plus accessibles, quelques travaux de défense, datant de

[1] Nous aimons à penser que l'ascendant acquis par M. Drew sur le Maharaja par d'importants services aura été pour beaucoup dans l'abolition de cette odieuse coutume. (T.)

diverses époques. Du côté de l'ouest et du nord-ouest, la ville n'est couverte que par d'épais fourrés de jungles, qui offriraient encore plus de ressources à l'attaque qu'à la défense.

Le palais et les autres édifices publics qui entourent la place Mandî sont d'une étendue considérable, mais n'offrent rien de bien intéressant au point de vue de l'art. Quelques hauts personnages de la cour, notamment le premier ministre, et plusieurs riches marchands, se sont récemment bâti des villas près de Jummoo, à l'endroit d'où l'on jouit de la plus belle vue. Le Maharaja y a fait construire aussi plusieurs maisons confortables, pour les touristes anglais dont le nombre augmente tous les ans. En 1875, les personnes de la suite du prince de Galles ont logé dans ces maisons neuves, et ont été agréablement surprises d'y trouver tous les raffinements de la civilisation occidentale.

Les avantages qu'offre cette ville sont balancés par deux inconvénients majeurs, sa situation trop excentrique comme chef-lieu du nouveau royaume, et surtout le manque d'eau potable à proximité des habitations. Il faut avoir vécu dans l'Inde, pour comprendre à quel point ce dernier désagrément est sensible. On est obligé de monter l'eau de la rivière, le *Tawi Jummoo,* qui passe justement du côté le plus escarpé de la colline sur laquelle la ville est bâtie. De plus, le combustible y est très-cher à cause de la difficulté des transports, bien qu'on ait de tous côtés la perspective d'immenses horizons boisés. Ce manque de bois est d'autant plus agaçant, qu'il y a, en outre, une vaste et belle forêt d'acacias, très-giboyeuse, qui touche à la ville; si bien que les daims, les antilopes et même les sangliers viennent parfois jusque dans les rues. Mais il est expressément défendu de couper la moindre baguette, comme de tuer la moindre pièce de gibier, dans ces bois consacrés aux plaisirs du souverain.

Ranbîr Singh, en effet, aime passionnément la chasse, surtout celle du sanglier. J'ai assisté à plusieurs de ces grandes fêtes cynégétiques, qui ont lieu d'octobre à mars. Elles ressemblent aux anciennes chasses des Grands Mogols, décrites par Bernier. Ce sont de même d'immenses battues, pour lesquelles on met en réquisition, par milliers, les paysans des environs, et qui aboutissent à de véritables massacres de gibier.

IV

Origine du nouvel État de Jummoo et Cachemire.

Malgré les graves inconvénients du séjour de Jummoo, le Maharaja ne saurait avoir d'autre capitale; et il n'y a pas lieu d'en être surpris, quand on sait comment s'est formé ce nouvel État [1].

C'est un débris de l'empire des Sikhs, œuvre colossale et éphémère du fameux Runjît Singh, « le lion du Panjâb ». Petit prince fugitif, dépossédé de ses minces États à la fin du dernier siècle, il était devenu, dès 1809, le chef suprême

[1] On comprend qu'en raison de ses relations intimes avec le Maharaja actuel, M. Drew a pu tout savoir, mais n'a pu tout dire sur les antécédents fort orageux du père et de la famille de S. H. Ranbir-Singh, surtout dans un ouvrage dédié à ce souverain. Nous avons cru devoir suppléer à ces omissions forcées, à l'aide de l'excellent travail de M. DE VALBEZEN, *Les Anglais dans l'Inde*, et de plusieurs ouvrages anglais qui jouissent d'une grande autorité : *Prinsep's Life of Runjît Singh ; Adventures of on officer*, by major H. LAWRENCE, etc. (T.)

de la redoutable communauté des Sikhs, par la force de ses armes et l'habileté de sa politique. Ce petit homme, d'apparence aussi chétive qu'un célèbre homme d'État français de nos jours, mais d'un jugement plus sain ; borgne comme Annibal et comme Ziska ; illettré, mais doué d'une haute intelligence, d'une puissante mémoire, possédait à fond l'art de gouverner. Peu de conquérants ont su discerner et choisir aussi bien leurs auxiliaires. Ayant compris de bonne heure tous les avantages de la discipline et de la tactique européennes, il accueillit et enrichit royalement plusieurs officiers français et italiens qui firent en retour sa fortune militaire, notamment « le général Allard, vaillant officier des armées du premier Empire, qui a laissé dans le pays une réputation d'honorabilité et de désintéressement que le temps n'a pas encore fait oublier ».

Runjit-Singh n'avait été ni moins habile ni moins heureux dans le choix de ses auxiliaires indigènes. Les principaux étaient trois frères, naguère simples *sowars* (cavaliers) dans son armée, chez lesquels il avait reconnu de rares aptitudes administratives et militaires. Habiles, intelligents et dévoués, *Gulab Singh* et ses deux frères, Dhyian et Soochet Singh, acquirent un grand pouvoir et d'immenses richesses. Ils étaient de la race des *Dogrâs* ou highlanders du Panjâb, tout à fait distincte de celle des Sikhs proprement dits ou gens de la plaine. C'est aussi à cette race, singulièrement énergique, qu'appartient une partie notable de la population des territoires dont se compose le gouvernement actuel de Jummoo. Là seulement, le Maharaja est entouré d'une majorité d'hommes de sa religion, de son sang, sur lesquels il croit pouvoir compter. Telle est la considération capitale qui le retient à Jummoo, et l'y retiendra probablement toujours. On assure que, du temps où Gulab n'était encore que simple cavalier, il avait tué un de ses camarades dans une rixe. Poursuivi par les amis de la victime, il se réfugia dans la tente même de Runjit Singh, qui, séduit par sa bonne mine, lui fit grâce et l'admit dans son entourage.

Quoi qu'il en soit de cette anecdote, des renseignements recueillis à la cour de Jummoo auprès d'anciens familiers du précédent Maharaja nous permettent d'affirmer que Gulab et Soochet, le plus jeune des trois frères, durent surtout leur fortune au second, Dhyian Singh, le plus avancé dans la faveur du maître. « Celui-ci monopolisa longtemps les grandes charges de l'État. Il était à la fois premier ministre, premier aide de camp, commandant en chef de l'armée. C'était un homme de belle apparence, quoique un peu boiteux, de manières gracieuses et modestes, poli et affable (au moins quand il était de sang-froid). Dans le *darbar,* il s'asseyait sur le tapis derrière le Maharaja, tandis que d'autres, souvent ses inférieurs, prenaient place sur des siéges aux côtés du prince. Dhyian Singh, bien qu'il sût à peine signer son nom, passait à juste titre pour un des hommes les plus intelligents du Panjâb... Ses deux frères étaient rarement à la cour; ils commandaient des troupes, et tenaient à ferme le revenu de certaines provinces [1]. »

Gulab avait rendu à son maître d'importants services militaires. En 1820, il vainquit et fit prisonnier *Aga-Jan,* raja de Rajaori, qui refusait de se soumettre à Runjit. Cet exploit valut à Gulab le titre de raja de Jummoo, son pays natal. Suivant une tradition qu'on fait complaisamment remonter au delà de cinq mille ans, Jum-

[1] H. Lawrence, *Adventures.* La première fonction importante qui fut conférée à Dhyian Singh par Runjit fut celle de *deodhiwâlâ,* ou portier en chef. Le titulaire de ce poste de haute confiance pouvait à son gré, dans bien des cas, permettre ou bien empêcher de pénétrer jusqu'au souverain. (T.)

moo et son territoire immédiat avaient formé de tout temps un État indépendant. Le nouveau raja remit de l'ordre dans cette contrée, qui en avait grand besoin, en employant les moyens les plus énergiques.

Dans l'espace de quinze ans, Gulab et ses frères, agissant en parfait accord, accaparèrent successivement presque tous les territoires qui forment aujourd'hui le gouvernement dit de Jummoo. La dernière de ces conquêtes fut celle de Kishtwar, chef-lieu d'un État indépendant sur le haut Chinâb, au nord-est de Jummoo. Il y a là l'une des plus belles cascades de l'Inde et du monde entier, mais c'était bien le moindre souci de Gulab. Ce qui l'intéressait, c'était que Kishtwar, position militaire importante, commandait la route du grand Thibet, dont Gulab méditait l'annexion.

Dans ces acquisitions, Dhyian Singh, le plus puissant des trois frères auprès de Runjit, s'était fait la part du lion. Il avait pris pour lui tous les territoires situés à l'ouest du Chinâb. Soochet avait eu pour son lot le district de Ramnagar.

« Les années qui suivirent la mort de Runjit Singh ne furent qu'une orgie de sang, presque unique même dans l'histoire de l'Asie. » Les

Sikhs proprement dits et les Dogrâs formaient les deux grandes factions rivales; ces derniers reconnaissaient pour chef Dhyian et ses frères. Khuruck, fils légitime de Ranjit, tenait par sa mère à l'une des grandes familles sikhes; aussi, il commença par destituer le premier ministre Dhyian. Celui-ci, « homme affable, gracieux et modeste », mais un peu vif, poignarda son successeur en plein *darbar*. Le nouveau souverain, n'étant pas le plus fort, s'en alla bouder dans son harem. Il y mourut bientôt de chagrin ou d'autre chose, et fut remplacé par son fils, qui ne régna que quelques heures. Passant sous une des portes de Lahore, il fut écrasé par une poutre qui, dans ce moment même, se détacha de la voûte.

Cet accident plus ou moins fortuit mettait fin à la postérité légitime de Runjit Singh. Après une lutte sanglante qui dura plusieurs jours, les Dogrâs l'emportèrent, et firent proclamer un fils naturel de Runjit, Shere Singh. Celui-ci ne tarda pas à être victime, avec les siens, d'une révolution de palais, dont l'un des principaux instigateurs fut précisément ce même Dhyian auquel il devait son élévation au trône, mais dont il songeait, dit-on, à se débarrasser. Seulement Dhyian, relativement modéré, trouva qu'on tuait trop de monde, et l'un des conjurés intransigeants répondit à ses objurgations par un coup de carabine.

On proclama Dhulip Singh, fils mineur de Runjit, ou du moins de sa dernière favorite, et l'on continua de se battre pour savoir qui gouvernerait sous ce fantôme de souverain. La victoire se déclara de nouveau en faveur des Dogrâs, mais presque aussitôt la discorde éclata parmi les vainqueurs. Hira Singh, fils de Dhyian, jaloux de l'influence de son oncle Soochet, le fit assassiner (1843), et périt lui-même peu de temps après. Le pouvoir passa dans les mains de Lal Singh, l'amant de la mère du jeune Maharaja, dont il était peut-être le père véritable.

Ce fut alors que fut commise la faute suprême qui allait décider du sort de cet Empire. Au mépris du traité de 1809, que le vieux Runjit avait toujours scrupuleusement respecté, l'armée sikhe franchit le Sutledge et envahit le territoire anglais (décembre 1844) [1].

Cette guerre fut encore plus sérieuse que celle

[1] Par ce traité, signé à Umritsur, comme celui de Gulab en 1846, Ranjit s'était engagé à ne faire aucune entreprise au delà du Sutledge. Il s'en était dédommagé en s'emparant,

de 1857, bien qu'on en ait moins parlé. Les habitants du Panjâb sont d'autres hommes que ceux de l'Inde, et ce n'était pas en vain qu'avaient passé par là les Allard, les Ventura, les Avitabile. Mais les Anglais avaient pour eux, outre la solidité incontestable de leurs troupes, l'ineptie et la lâcheté de Lal Singh, le commandant en chef sikh, sans parler des intelligences secrètes qui paraissent avoir joué un grand rôle dans tous ces événements. Ainsi, après la bataille de Firozochahar (21 décembre 1844), qui coûta cher aux Anglais, et aurait pu être désastreuse pour eux sans l'inaction inexplicable d'une partie de l'armée ennemie, ce fut Gulab Singh, le dernier survivant des trois grands chefs dogrâs, qui devint premier ministre. Suivant les écrivains de cette campagne, « il comprenait que la seule chance de salut (pour l'empire sikh) était dans les négociations pacifiques, mais ne pouvait ni imposer sa volonté ni la licencier ». Sa bonne volonté en faveur des Anglais devint prépondérante après la journée décisive de Sobraon (février 1845), qui ouvrit à l'armée de Sir Hugh

par lui-même ou par ses lieutenants, de la plupart des contrées entre le Sutledge et l'Indus. Il régna un moment sur vingt millions d'hommes.

Gough le chemin de Lahore. Il prit une part active et décisive aux négociations qui aboutirent au traité de Lahore du 9 mars 1846.

Ce traité laissait encore une ombre d'indépendance à l'empire fondé par Runjit, mais lui imposait d'énormes sacrifices d'argent et de territoire. Aux termes de l'article 12, la souveraineté indépendante d'une partie de ces territoires allait être conférée à Gulab Singh, raja de Jummoo, *en considération des services qu'il venait de rendre à l'État de Lahore, en rétablissant les relations de bonne amitié entre cet État et le gouvernement britannique*. Celui-ci, de son côté, en considération de la *bonne conduite* (good conduct) dudit raja, le reconnaissait d'avance souverain indépendant et l'admettait au privilége d'un traité séparé, déterminant la composition du nouvel État. (C'est le traité d'Umritsur ou Amritsir, signé huit jours après.)

Il y aurait bien quelque chose à dire sur cette *bonne conduite* si magnifiquement récompensée, et qui en Occident s'appellerait d'un autre nom. Elle ressemble un peu à celle des Polonais qui, dans les dernières années du siècle dernier, se firent les auxiliaires des Russes, et concoururent au démembrement de leur pa-

3

trie, en haine des discordes civiles. Toutefois il serait injuste de juger aussi sévèrement Gulab Singh. Il faut tenir compte de la différence des lieux, des races et des mœurs, surtout de cette considération capitale, qu'un empire formé d'éléments si divers, si réfractaires, ne pouvait guère être considéré par l'ex-favori de Runjit comme une patrie.

Mais malheur aux grands États en décadence, monarchies ou républiques, où la persistance du désordre, fomenté par de détestables passions, peut entraîner des hommes intelligents à solliciter l'intervention étrangère !

V

Dernières années de Gulab Singh. — Son caractère. — Populations diverses du nouvel État. — Dogrâs. — Chibhalis.

Gulab Singh, comme bien d'autres chefs de dynasties, n'a pas dédaigné le prestige d'une sorte de légitimité. On a exhumé une généalogie qui le fait descendre d'un ancien raja de Jummoo, mort vers 1770, antérieurement à la conquête du pays par Runjit, et dont le nom était resté populaire dans le pays. Si cette généalogie est exacte, Ranbîr Singh, le seul des fils de Gulab qui existe encore, serait le représentant légitime de la branche cadette de ces anciens rajas. Mais il y a aussi une branche aînée, dont les derniers représentants, réduits à une condition obscure, sont présentement réfugiés dans l'un des districts montagneux du Panjâb tributaires du gouvernement britannique.

On a vu précédemment quel a été le sort des

deux frères de Gulab. Le plus jeune, Soochet, celui dont on a brûlé tant de veuves, n'avait cependant pas laissé d'enfants (?), et Gulab s'était adjugé son district de Ramnagar. Quant à Dhyian, outre son fils Hira, qui ne lui survécut que quelques mois, il en avait laissé deux autres, Jowahir et Motî Singh, auxquels il ne resta de son opulente succession que le district de Punch. A l'époque de la signature du traité d'Amritsir, aucun article ne stipula l'indépendance de ce petit État, enclavé dans ceux de l'adroit et heureux Gulab. Jowahir ne put se résigner à devenir le vassal et tributaire de son oncle, ce qui paraît assez naturel, quand on connaît les antécédents de la famille. Après bien des tiraillements et des difficultés, il abandonna Punch à son frère Motî Singh, qui se contenta de cette position subalterne. Jowahir, qui avait bien quelques raisons d'être mécontent de son oncle et de son cousin, a péri en 1863, assassiné dans les environs de Lahore. Honni soit qui mal y pense!

Par loyauté, ou, si l'on veut, par intérêt bien entendu, Gulab est resté toute sa vie fidèle à l'alliance anglaise, et dans les circonstances les plus délicates, notamment lors de la deuxième guerre du Panjâb (1848) qui aboutit à l'annexion définitive de ce pays, et dans la crise de 1857. A cette époque, il fournit exactement le nombre de troupes auxiliaires stipulé par les traités. De plus, après le combat de Jhelam (8 juillet), il fit arrêter et livra aux Anglais, c'est-à-dire à la mort, les soldats insurgés du 14ᵉ régiment de Bengale, qui avaient cherché un asile dans ses États. Cette nouvelle « bonne conduite » eut sa récompense : à la mort de Gulab, qui arriva la même année, son fils recueillit paisiblement son héritage.

Ce prince a été souvent maltraité par les écrivains anglais. Ils l'ont accusé d'avarice, de perfidie, de cruauté. Peut-être n'ont-ils pas tenu suffisamment compte du milieu dans lequel il a vécu, des difficultés qu'il a dû surmonter, non-seulement pour fonder et agrandir son pouvoir, mais pour vivre, tâche souvent malaisée dans les révolutions incessantes du Panjâb. Je ne l'ai pas connu personnellement; il était déjà mort depuis quelques années quand je suis arrivé dans le pays. Mais les renseignements que j'ai pu recueillir sur lui m'ont donné une meilleure idée de son caractère. Plus politique que guerrier, il ne craignait pourtant pas de s'exposer à l'occasion. Il montra surtout beaucoup de sang-froid et de courage pendant la première guerre du Panjâb, en défendant avec une poignée de monde la citadelle de Lahore contre toute l'armée syke. Impitoyable pour les petits tyrans féodaux de la montagne, il se montrait facilement accessible pour les gens des castes inférieures, écoutait patiemment leurs doléances. Aussi on l'avait surnommé *bhalamânasî, le bonhomme* [1]...

La population des territoires présentement soumis à son fils se compose d'éléments très-divers, dont l'étude est intéressante pour l'ethnologie et la philologie.

Des Dogrâs (Hindous) et des Chibhalis (Musulmans), races montagnardes très-rapprochées d'origine, se partagent le territoire du gouvernement de Jummoo, sauf la partie la plus montueuse du nord-est, occupée par diverses peuplades appartenant à la race *Pahari* (Hindoue), distincte des précédentes de physionomie et de langage. Les Cachemiriens, en grande majorité mahométans, habitent la belle et fertile vallée du Jhelam, depuis sa source jusqu'au fameux débouché de Baramula, c'est-à-dire toute la cir-

[1] Bonhomme, vrai ou faux, dans le genre de Louis XI. (T.)

DOGRAS ET CHIBHALIS

(États de Jummoo).

(P. 42.)

conscription administrative du Cachemire, moins l'extrémité ouest (district de Mouzafarabad), habitée par des Chibhalis. Des montagnards de la race *Dârdi*, tout à fait différents de ceux du Panjâb, et mahométans pour la plupart, habitent le Dârdistan et la partie ouest du Baltistan, dont la partie orientale est occupée, ainsi que le Ladakh, par des Thibétains. Ce sont les seuls sujets du Maharaja qui appartiennent à la famille touranienne; les autres sont des rameaux plus ou moins divergents de la grande souche arienne.

Le pays de Jummoo, nommé *Dugar* dans le dialecte des Dogrâs, est considéré comme le berceau de leur race. Il existe non loin de la ville deux lacs sacrés, *Saroîn Sar* et *Mân Sar*, dont les bords sont couverts d'une superbe végétation tropicale. Les alentours de ces lacs se nomment en sanscrit *Dvigartdesh*, contrée des deux creux. C'est, dit-on, de cette appellation que dérivent Dûgar et Dogrâ.

Ils sont répartis en castes, comme les peuples de l'Hindoustan.

Les Brahmans dogrâs ne s'occupaient autrefois que de pratiques religieuses; aujourd'hui ils daignent exercer en outre certaines professions.

Il y en a beaucoup qui sont cultivateurs, notamment aux environs d'Acknur, où ils forment la majorité de la population.

Les *Rajpouts* sont, comme ailleurs, la caste noble et dirigeante. Il existe parmi eux des familles qui se considèrent comme encore supérieures aux autres, et s'adonnaient exclusivement jadis à la profession des armes. Ces nobles militaires se nomment *Mians*. Quoi qu'on puisse penser de la généalogie qui rattache Gulab Singh aux anciens rajas de Jummoo, il appartenait bien certainement à l'une de ces familles privilégiées ; les Mians l'ont toujours considéré et soutenu comme un des leurs. Aussi c'était parmi eux qu'il choisissait de préférence ses agents, et son fils suit son exemple. Il peut, en effet, compter sur leur dévouement ; mais cette qualité ne suffit pas pour faire de bonne administration, et ces nobles dogrâs ne sont guère aimés comme fonctionnaires, surtout des individus appartenant à d'autres races, et qu'ils affectent de mépriser.

Les mariages entre personnes de caste supérieure ou inférieure étaient jadis punis de mort ; aujourd'hui ils sont encore prohibés sévèrement. A l'époque où j'étais à Jummoo, deux jeunes

Mians avaient épousé dans une localité éloignée des femmes qu'ils prétendaient être d'une condition égale à la leur. On apprit plus tard qu'elles appartenaient à la caste des *Thakars* ou laboureurs. Il n'en fallut pas plus pour provoquer une émeute très-sérieuse. Le Maharaja fut obligé de prescrire aux coupables le pèlerinage du Gange, et des cérémonies d'ablution et de purification extraordinaires pour toute la population de Jummoo.

Voici encore quelques coutumes caractéristiques observées chez les Dogrâs. Les funérailles des gens parvenus à une extrême vieillesse se font avec de grandes marques de réjouissance, comme pour les féliciter d'être enfin quittes du fardeau d'une trop longue vie. Quand un père ou une mère de famille meurent, laissant des fils hommes faits, ils se rasent la barbe et les cheveux en signe de deuil. Par extension de cet usage, tous les hommes se rasent à la mort du souverain ou de la souveraine, qui sont réputés les père et mère de tous leurs sujets. C'est ce qui arriva notamment à Jummoo, en 1865, à l'occasion de la mort de la Maharanî, épouse de Renbîr Singh.

Après les Rajputs, les castes les plus nobles

sont les *Khatris* ou écrivains, puis les *Thakars* ou cultivateurs. Viennent ensuite, au même rang, diverses castes d'artisans : *Banyan* (petits boutiquiers), *Naî* (barbiers), *Jiûr* (voituriers), etc.

Enfin, au plus bas de l'échelle sociale, nous trouvons une caste réprouvée, asservie et maudite, les *Dûms*, auxquels sont réservés les métiers les plus rebutants, les plus méprisés, comme ceux d'équarrisseur, de briquetier, etc. Les Dûms sont fort nombreux à Jummoo même et dans les districts voisins. Les uns appartiennent à des particuliers, les autres sont des esclaves publics. Ces derniers sont généralement employés à l'enlèvement des boues, occupation réputée avilissante entre toutes. Ils sont rigoureusement exclus de toutes les pratiques du culte hindou, et paraissent n'avoir aucune religion. Leur physionomie est fort différente de celle des Dogrâs : ils sont plus bruns, plus petits, ont les membres plus grêles. Ils présentent, au contraire, une analogie physique frappante avec les parias de l'Inde et les *bâtals* ou parias du Cachemire, dont nous parlerons bientôt. Peut-être faut-il voir dans tous ces malheureux, objet d'une réprobation immémoriale, les débris d'une race préaryenne dépossédée. Le Maharaja actuel fait preuve d'un esprit libéral, en essayant de relever les Dûms de cet abaissement. Il les emploie à des travaux de mine et de terrasse, dont ils s'acquittent avec intelligence.

Les Dogrâs occupent toute la partie méridionale du gouvernement de Jummoo comprise entre les montagnes, le Rawî et le Tawî Minawar, affluent du Chinâb; c'est-à-dire les districts de Jummoo, de Jasrota, de Riasi, et une partie de ceux de Minawar et de Naushahra. La plupart professent la religion hindoue; pourtant quelques-uns ont embrassé le mahométisme. A Jummoo, ces Dogrâs musulmans habitent un quartier à part; ce sont des ouvriers tisseurs de châles.

Les individus de cette race sont généralement de taille moyenne, souples et nerveux. Les femmes ont le teint d'une couleur que j'appellerais volontiers *coquille d'amande;* les hommes, d'un brun plus foncé. On peut du reste juger de leur physionomie par la planche ci-jointe, qui représente trois Dogrâs et un Chibhali. Ce dernier est placé tout à fait à gauche.

Les Chibhalis, qui habitent toute la partie occidentale du gouvernement de Jummoo, plus les districts de Punch et de Mouzafarabad, sont d'anciens Dogrâs qui ont embrassé l'islamisme à l'époque de la conquête mogole, et chez lesquels le type primitif s'est altéré par suite de circonstances assez difficiles à définir. Ce qui est certain, c'est qu'ils ont retenu beaucoup de choses de l'ancienne organisation sociale des Dogrâs, notamment la division en castes. Mais les noms de ces castes offrent des variantes sensibles; ainsi, chez eux, la noblesse militaire correspondant aux Mians dogrâs se nomme *Sudan*. Une des peuplades chibhalis les plus intéressantes est celle qui habite la vallée de Darhal, au nord-est de Rajaori. Elle porte le nom de *Malik*, qui lui a été donné au seizième siècle par l'empereur mogol Akbar, lors de la conquête du Cachemire. Ces Maliks de la vallée de Darhal avaient été spécialement chargés par lui de la garde des défilés qui conduisent de ce côté dans le Cachemire. Leurs descendants se reconnaissent encore aujourd'hui aisément parmi les autres Chibhalis, parce qu'ils sont les seuls qui portent toute leur barbe.

Ces Dogrâs musulmans seraient souvent assez difficiles à distinguer de leurs congénères hindous, n'était leur moustache rasée à la mode musulmane. Cependant ils paraissent en général plus robustes, sans être moins agiles. Une de leurs tribus, les *Gakkars*, qui habite une région montagneuse entre le Jhélam et le Punch, a longtemps et vaillamment défendu son indépendance contre les princes les plus puissants.

Le dialecte, ou plutôt la langue des Dogrâs hindous, les sujets favoris du Maharaja, diffère sensiblement de celle des habitants de la plaine du Panjâb (Sikhs), et encore plus de l'hindoustani. Il est absolument impossible à un natif de l'Inde anglaise de converser avec un habitant de Jummoo; c'est à peine s'ils arrivent, de part et d'autre, à comprendre les termes exprimant les objets matériels les plus indispensables. Avec l'aide d'un brahmane du pays, je suis parvenu à rédiger une grammaire de cette langue, qui pourra être utile aux agents du gouvernement et aux touristes [1].

[1] Ce travail, d'une grande importance philologique, se trouve au n° 1er de l'*Appendice* de l'ouvrage anglais. Il est suivi d'un autre non moins utile, un vocabulaire composé des termes les plus usuels dans les différentes langues ou dialectes que parlent les différents sujets du Maharaja. L'analogie frappante qui existe entre le langage des Dogrâs et celui des Chibbalis suffirait pour démontrer la communauté d'origine. Les différences, bien qu'assez nombreuses, sont d'une importance secondaire. L'une des principales consiste dans la substitution de l'*ou* à l'*a* : ainsi le mot dogrâ *Lakrî* devient

Loukrî chez les Chibhalis. On remarque également chez ceux-ci, dont le pays a été plus fréquemment envahi que celui de leurs congénères, certains mots d'importation évidemment étrangère, comme *Khudâ* (Dieu), qui se trouve aussi dans le dialecte cachemirien, au lieu du terme hindou *Parmeshar* ou *Parmesar*, etc.

VI

Géographie physique du gouvernement de Jummoo. — Climat. — Végétation. — Excursions dans quelques localités intéressantes : Ramnagar, Babor, Udampur, Parmandal, etc.

L'ensemble des territoires dont se compose le gouvernement de Jummoo se répartit en trois zones parallèles bien distinctes : le *Daman-i-Koh* (littéralement *Piémont*), la région des collines et celle des montagnes *moyennes* (*Middle Mountains*), appellation qui pourrait sembler trop modeste, si ces sommets, qui atteignent parfois quatre mille mètres, ne confinaient pas, du côté du nord, à d'autres bien plus élevés.

Le Daman-i-Koh, qui comprend la partie la plus méridionale de ce gouvernement, du Rawî au Jhélam, confine aux plaines du Panjâb et offre la même physionomie. Les habitations sont en argile, basses et à toit plat; les arbres rares et chétifs. L'ensemble de ce pays, brûlé du soleil, n'offre rien de gai ni de gracieux, sauf au printemps, où les moissons ont un faux air de pelouses.

Au delà de ce « Piémont » se développe à perte de vue la région des « collines extérieures » (*Outer Hills*), premier gradin ou rebord extrême des grandes montagnes. Les États du Maharaja ne comprennent qu'une section, longue de cent cinquante milles anglais sur une profondeur de trente-six, de cette vaste chaîne de hauteurs, qui en réalité s'étend sur une longueur de plus de douze cents milles, du nord-est au sud-est, du bas Indus à l'Himalaya[1].

La fraction de cette chaîne, comprise dans les États de Renbîr Singh, est séparée en deux parties à peu près égales par l'un des principaux affluents de l'Indus, le Chinâb, qui débouche dans la plaine du Penjâb au-dessous d'Acknur, localité importante dont nous reparlerons.

Dans les *Outer Hills,* la hauteur moyenne des crêtes varie de deux mille cinq cents à trois mille cinq cents pieds; celle des vallons ou ravins intermédiaires, de dix-huit cents à deux mille quatre cents pieds[2]. Le fond des ravins sert de

1 Longueur du mille anglais, 1,609 mètres.

2 Ici, comme dans tout le cours de l'ouvrage, il s'agit de pieds anglais. Il en faut mille pour faire 305 mètres.

lit à des cours d'eau torrentiels dans la saison des pluies. Leurs pentes sont couvertes de jungles où se retire le gibier, naturellement fort nombreux dans ce pays où la chasse est sévèrement prohibée. Les antilopes surtout y foisonnent et sont tellement familières, que j'en ai vu souvent pâturer pêle-mêle avec le bétail domestique.

La partie de cette région située entre le Chinâb et le Rawî est traversée par deux cours d'eau permanents qui viennent des *Middle Mountains :* le Tawi Jummoo, affluent du Chinâb, et l'*Ujh*, affluent du Rawi. Ces deux rivières sont navigables, mais sujettes à de tels débordements, qu'alors on n'y peut plus se servir de bacs ni de bateaux. Il faut recourir à l'appareil natatoire d'outres en peau de chèvre nommé *Sorna*, d'usage immémorial parmi les riverains des fleuves d'Asie [1]. Ces deux rivières, surtout l'Ujh, dont la pente est plus rapide, charrient à une grande distance, dans leurs débordements, des masses énormes de cailloux et de gros fragments de rochers. En temps ordinaire, elles contribuent, au contraire, à fertiliser le pays, par

[1] Notamment sur le Tigre. V. *Le Caucase, la Perse et la Turquie d'Asie*, Plon, p. 339.

de nombreux canaux de dérivation, qui profitent surtout aux rizières.

Sur la rive droite du Chinâb, tous ses affluents sont intermittents, sauf un seul, le Tawi *Minawar*.

A mesure qu'on pénètre dans cette région des *Outer Hills,* les accidents de terrain se multiplient, s'accentuent. Les sommets des collines, principalement dans le district de Jummoo, sont couverts de bois d'acacias des variétés dites *Arabica* et *modesta*. Ce sont d'assez beaux arbres de vingt à trente pieds de haut, dont le dessous est ordinairement garni d'épaisses touffes de jujubier (*zizyphus*) à grappes rouges ou blanches.

D'après les traditions de ce pays, ces bois étaient autrefois bien plus considérables qu'aujourd'hui. La portion la plus étendue qui en reste est la forêt voisine de Jummoo, que le Maharaja fait soigneusement conserver.

Le climat de cette région est déjà bien moins chaud que celui des plaines. Néanmoins on y distingue pareillement trois saisons : celle des ouragans chauds (avril-juin), celle des pluies (juillet-septembre), celle des vents froids (octobre-mars). L'air y est sain, sauf vers la fin de la saison des pluies, époque à laquelle les fièvres intermittentes sont assez communes. Les principales cultures sont : le froment et l'orge, qu'on sème en décembre et récolte en avril; le maïs, le millet, le riz, semés en juin, récoltés en septembre ou octobre. Dans la partie du district de Punch qui correspond à cette région, j'ai introduit la culture de la canne à sucre; elle y a parfaitement réussi.

Comme l'avait déjà remarqué Bernier il y a deux siècles, en traversant ces premiers contreforts des montagnes du Cachemire, la végétation tropicale y reparaît par intervalles, dans les terrains abrités du côté du nord. On y retrouve alors des manguiers, des figuiers banyans, des palmiers. Sur les crêtes arides et rocailleuses, on rencontre souvent des touffes d'*Euphorbia Reyleana* ou *pentagona*. A l'altitude de six cents mètres, commence à paraître un des plus beaux arbres verts connus, le pin à longues feuilles, dont les organes foliacés atteignent jusqu'à quarante centimètres de longueur, et pendent presque verticalement comme ceux du sophora ou du saule pleureur [1].

Les villages sont nombreux dans cette région.

[1] Cet arbre, qui ne peut supporter la pleine terre dans nos climats, abonde sur les contre-forts inférieurs de l'Himalaya et des chaînes adjacentes, depuis six cents mètres d'altitude

La charpente des maisons, ou plutôt des cases, est en bois d'acacia ou de pin, avec les intervalles remplis en argile. Il n'y entre du jour que quand la porte est ouverte, ou par des fissures pratiquées de distance en distance : les fenêtres sont encore un luxe inconnu. La cuisine se fait dans une sorte d'enclos réservé devant chaque case, et où se tiennent d'ordinaire les habitants. L'intérieur de ces demeures, de celles surtout qui appartiennent à des individus des castes supérieures, brahmans ou rajpouts, est tenu avec une propreté remarquable. La température y est singulièrement égale et douce. Aussi, plus d'une fois, j'ai trouvé dans ces modestes demeures un excellent abri pendant les heures brûlantes des journées d'été.

La plupart des localités un peu considérables à l'est du Chinâb, jadis résidences de rajahs indépendants, sont aujourd'hui dans un fâcheux état d'abandon et de décadence. C'est la conséquence forcée de la brusque substitution du régime de centralisation monarchique au système féodal. Tout est pour Jummoo, tout va à Jummoo.

jusqu'à deux mille. Il y parvient à une hauteur de quinze à trente mètres. Son bois est d'excellente qualité. (KIRWAN, les *Conifères*, t. I, p. 269.)

Ainsi, à *Basoli,* bourgade située sur le Rawi, à l'extrême frontière du gouvernement de Jummoo, le palais ruiné des anciens rajahs est devenu la résidence d'une véritable colonie de singes roux, émigrés de la forêt voisine. Forts de l'impunité que leur assurent les préjugés religieux des Hindous, ces animaux grimpent partout, et viennent relancer les habitants jusque dans leurs maisons.

A une journée de marche de Basoli, du côté du nord, se trouve *Balâwar,* localité jadis encore plus importante, comme en font foi les ruines d'un manoir fortifié sur une hauteur escarpée, et celles d'un vaste temple hindou très-orné de sculptures, et entouré d'énormes figuiers banyans. Balâwar n'est plus aujourd'hui qu'un chétif village.

Ramnagar, chef-lieu de district, est situé fort avant dans la partie la plus accidentée de la région des collines, à deux mille sept cents pieds d'altitude, au pied des *Middle Mountains*. C'était jadis la capitale de l'État indépendant de *Brandâlta,* possédé par une famille que Runjit Singh expulsa, pour donner Ramnagar en fief à l'un de ses trois favoris, Soochet Singh, le frère cadet de Dhyian et de Gulab. Toutefois l'ancienne dynastie avait conservé de nombreux partisans qui d'abord se « prononcèrent » énergiquement contre leur nouveau maître. Celui-ci n'eut que le temps de se réfugier dans une espèce de fort, où il resta bloqué jusqu'à l'arrivée du secours envoyé par Runjit.

Malgré ce fâcheux début, Soochet avait pris Ramnagar en affection. Il y avait fait construire un beau palais entouré de jardins, beaucoup de maisons neuves, un grand bazar, très-fréquenté de son temps par les marchands du Caboul et du Panjâb. Ramnagar était devenu sa résidence habituelle, quand ses fonctions ne le retenaient pas à Lahore. Aussi c'était là qu'il avait la majeure partie de son nombreux gynécée. Mais depuis la mémorable incinération de Soochet Singh et de ses cent cinquante veuves, la prospérité de Ramnagar s'en est allée aussi en fumée. Aujourd'hui, son palais inhabité tombe en ruine, le bazar est presque désert. On voit pourtant encore dans cet endroit un certain nombre d'ouvriers cachemiriens en châles, qui travaillent pour des négociants de Nimpur et d'Amritsir.

Udampur, situé, comme Ramnagar, à l'entrée de la région des *Middle Mountains,* est le chef-lieu d'un district qui à lui seul comprend au moins la moitié de la superficie du gouvernement de Jummoo. C'est la partie la plus accidentée de ce territoire, et par conséquent la moins peuplée[1]. Udampur est une ville toute nouvelle, fondée par un frère aîné de Ranbîr Singh, mort avant leur père Gulab. Cette localité a peu souffert de la mort de son fondateur, parce que le Maharaja actuel l'a prise en affection, et s'y est fait construire un palais de plaisance.

Au village de *Babor*, situé sur la rive gauche du Tavî, à deux journées de marche de Jummoo, j'ai trouvé les ruines de trois temples hindous très-anciens, dont l'un surtout est des plus remarquables, par la beauté des sculptures et la dimension des pierres employées dans sa construction. Les huit gigantesques colonnes cannelées qui soutenaient le fronton sont encore debout, ainsi qu'une partie de ce fronton et de la voûte, dont les pierres ont de dix à quatorze pieds de long. Elles étaient assemblées sans mortier, comme dans les édifices dits cyclo-

[1] Dans le dénombrement fait par Kirpâ-Râm en 1873, ce vaste district n'a fourni que 98,000 habitants sur 861,000, chiffre total de la population du gouvernement de Jummoo.

péens. Je n'ai pu avoir de renseignements certains sur la date de ces temples, dont la destruction semble le résultat d'un tremblement de terre. On voit par les sculptures qu'ils étaient dédiés à *Ganesha,* le dieu à tête d'éléphant, dont le culte est aujourd'hui fort négligé dans la contrée. Le renversement de ses sanctuaires l'aura peut-être discrédité.

Le pèlerinage le plus renommé dans les États du Maharaja est celui de *Parmandal,* que j'ai fait deux ou trois fois en curieux à sa suite. Parmandal est à une journée et demie de marche de Jummoo, du côté de l'est. En y allant, on fait étape à un endroit nommé *Utarbain,* qui a aussi une grande réputation de sainteté. On y voit deux temples entourés de nombreuses cellules. Quand le Maharaja va ainsi en pèlerinage, il fait faire une distribution de vivres et d'argent à tous les individus de la caste des brahmans qui l'attendent au passage à Utarbain. Ainsi faisaient avant lui Gulab et le grand Runjit Singh.

On se dirige vers Parmandal en remontant un vallon sinueux où coule la rivière *Devak,* dont la source principale est justement l'eau sacrée. Il y a là un beau temple avec des dômes dorés, plusieurs habitations considérables, bâties naguère pour Runjit et les principaux personnages de sa cour, et abandonnées aujourd'hui aux brachmans. Pour les dévots, l'eau de Parmandal vaut presque celle du Gange ; elle purifie à la fois l'âme et le corps. Les abords de la source, encombrés de baigneurs, offrent un coup d'œil singulièrement pittoresque[1].

[1] Une lettre de M. Drew m'apprend la mort toute récente de Kirpâ-Râm, l'auteur du curieux travail de statistique dont nous avons fait usage dans les chapitres précédents. C'était un homme jeune encore, et l'un des serviteurs les plus intelligents de Renbîr-Singh.

VII

Routes diverses de la vallée de Cachemire. — Route dite des Grands-Mogols. — L'escalade de Bhimbar. — Les *Saraes* ou anciens campements impériaux.

Parmi les localités du gouvernement de Jummoo situées sur la rive gauche du Chinâb, les plus intéressantes sont celles qu'on rencontre dans la région des collines ou dans celle des « moyennes montagnes », sur les principales routes qui conduisent dans la vallée de Cachemire.

L'entrée directe de ce paradis terrestre n'est guère plus facile aujourd'hui qu'il y a deux siècles, même du côté le plus accessible, quand on arrive par Jummoo. On sait déjà que la route carrossable finit à cette ville. De là, pour gagner Sirinagar (Cachemire), il faut passer par le col de Budil ou par celui du Banihâl, ou bien encore franchir le Chinâb à Acknur, et s'en aller rejoindre, à Rajaôri, la route historique du Cachemire, celle des Grands-Mogols, dont nous parlerons bientôt en détail.

De ces trois communications entre Jummoo et Sirinagar, celle par Budil (cent vingt-neuf milles) est de beaucoup la plus courte, mais n'est praticable que pour les piétons, et seulement pendant six mois de l'année. La route de Banihâl (cent soixante-dix-sept milles) par Dansal et Ramban est la plus usitée pour le transport des marchandises (*chief commercial route*). Cette « grande communication commerciale » ressemble fort aux chemins de mulets qui vont de Martigny à Chamouni par la Forclaz et la Tête-Noire ou le col de Balme. On s'élève graduellement, à partir de Jummoo, à travers la région des collines, collines qui ailleurs pourraient bien s'appeler des montagnes, jusqu'à un premier col haut d'environ deux mille cinq cents mètres (*Larû Larî Pass*). Puis on redescend d'au moins quinze cents mètres dans la vallée du Chinâb, on passe ce fleuve à Ramban sur un pont de bois, pour remonter immédiatement par des gorges admirablement boisées jusqu'au col de Banihâl (deux mille huit cents mètres), et redescendre enfin d'au moins douze cents mètres vers les sources du Jhélam, à l'extrémité amont de la vallée de Cachemire.

Cette route est praticable pendant dix mois

de l'année, mais fort pénible en beaucoup d'endroits pour les chevaux. Aussi la plupart des transports s'opèrent à dos d'homme ou de buffle. Bien que le col de Banihâl appartienne encore à la région des « moyennes montagnes », il est fréquemment balayé par des ouragans de neige qui interceptent complétement le passage plusieurs jours de suite. Tel est le « chief commercial route ».

D'autres chemins conduisent directement des plaines du Panjâb dans le Cachemire, sans passer par Jummoo. Le plus intéressant est celui des Grands-Mogols, par Bhimbar, Rajaori et le Pir-Panjal, que Bernier a si bien décrit, qu'aujourd'hui encore son livre peut y servir de guide.

Aureng-Zeb, parti de sa capitale le 6 décembre 1664, « à l'heure indiquée par les astrologues comme la plus heureuse », avait mis près de deux mois à faire le trajet des cent vingt lieues qui séparent Delhi de Lahore, s'étant fort attardé à des délassements cynégétiques des plus variés. Tous ces terrains, que traverse aujourd'hui la grande route militaire anglaise (*Great Trunk Road*), étaient alors aussi soigneusement réservés pour les plaisirs du Grand Mogol que la forêt de Jummoo l'est aujourd'hui pour

S. H. Renbîr-Singh [1]. Aussi le gibier de toute espèce y foisonnait, depuis le tigre jusqu'à la caille. Dans les localités reconnues d'avance comme les plus giboyeuses, des mille et mille traqueurs formaient, avec de grands filets, une enceinte que l'on resserrait ensuite graduellement, en se rapprochant de l'Empereur et des grands de sa suite, qui se tenaient à cheval ou sur des éléphants, suivant le caractère plus ou moins inoffensif du gibier signalé.

Bernier avait assisté à de véritables massacres d'antilopes. Il avait vu chasser le lion et le tigre avec des éléphants cuirassés, l'antilope avec des panthères dressées *ad hoc*, charmantes bêtes qui n'avaient que le défaut de se jeter sur leurs conducteurs quand elles avaient manqué leur coup. Lui-même courut un jour de très-sérieux dangers, entraîné malgré lui dans la cohue des chasseurs et des traqueurs à la poursuite d'un

[1] Depuis le commencement du siècle jusqu'à l'annexion du Panjâb (1849), les représentants du gouvernement de l'Inde, absorbés par les questions de politique extérieure, n'avaient accordé que peu de soins au développement des richesses du pays. L'administration éclairée de lord Dalhousie inaugura l'ère des grands travaux publics. La grande route militaire anglaise, qui relie Calcutta à Delhi, fut livrée au public en 1851. (VALBEZEN, t. II, p. 346.)

tigre blessé par l'Empereur et qui avait forcé l'enceinte. Il fallait le retrouver à tout prix, car sa perte eût été un événement du plus sinistre augure. Pendant cette recherche, qui avait conduit fort loin toute la chasse dans des fourrés de jungles inextricables du côté des montagnes, Bernier et ses compagnons restèrent égarés, sans vivres, pendant plusieurs jours, et faillirent à diverses reprises se noyer dans des torrents.

Après cette partie de plaisir, Aureng-Zeb, parvenu enfin à Lahore, y séjourna encore plus de deux mois, attendant que la neige fût fondue dans les passages des montagnes. Pendant ce temps, la chaleur augmentait en plaine; et quand on se remit en route, Bernier fit connaissance avec le terrible soleil du Panjâb, encore plus ardent que celui du Bengale. Ce n'était pas sans raison, comme il l'apprit par expérience, que les indigènes eux-mêmes redoutaient les onze ou douze jours de marche qu'on comptait alors de Lahore à Bhimbar. Il rencontra en chemin les cadavres de plusieurs individus morts d'insolation; lui-même désespérait presque, le dixième jour, d'être encore vivant le soir.

Il atteignit néanmoins, pendant la douzième nuit, le bourg de Bhimbar, situé au pied de ce qui parut à Bernier une montagne escarpée d'une hauteur prodigieuse. En réalité, ce premier contrefort ne s'élève pas à beaucoup plus de mille mètres au-dessus du niveau de la plaine. Il est certain néanmoins que cette partie de la région des collines (*Outer hills*) est la plus escarpée et la plus haute qu'on rencontre dans le voisinage immédiat de la plaine. Aussi, on n'a pas plutôt gravi ce premier sommet, qu'on trouve la température singulièrement rafraîchie, et c'était sans doute là le principal motif de la prédilection des empereurs mogols pour cette route. C'est aussi, pour la même raison, celle que préfèrent la plupart des touristes anglais.

Bernier et son patron étaient du petit nombre des élus autorisés à dépasser Bhimbar [1]. Ces excursions des Mogols dans le Cachemire ressemblaient, en grand, aux *Marlys* de Louis XIV. L'entrée de cet Eden n'était permise qu'aux principaux personnages de la cour, aux femmes, cavaliers et éléphants d'élite. Tout le reste de la

1 Bernier avait d'abord été attaché comme médecin à la personne même d'Aureng-Zeb, mais il avait prudemment renoncé à ces fonctions dangereuses de plus d'une manière, et était passé au service d'un des ministres du Mogol, grand amateur des sciences et de la philosophie françaises.

cour et de l'armée, qu'Aureng-Zeb avait traîné jusque-là à sa suite avec une grande partie de la population de Delhi, qui vivait des reliefs impériaux, s'arrêta au *Sarae* ou campement de Bhimbar, et y attendit le retour de l'Empereur.

Cette coutume d'aller, pendant l'été, chercher la fraîcheur dans les régions montueuses et boisées, en laissant la plus grande partie de leur suite se morfondre ou plutôt griller en plaine, était de tradition immémoriale chez les despotes asiatiques. Elle existait déjà en Perse du temps des Arsacides; il y est fait une allusion non équivoque dans un passage des *Acharniens* d'Aristophane, dont le sens a échappé à tous les commentateurs. Il s'agit du rapport burlesque des ambassadeurs athéniens sur leur mission auprès du roi de Perse; mission qu'ils n'avaient pu remplir, disent-ils, attendu que ce prince venait justement de partir, avec l'élite de sa cour et de son armée, pour aller *faire une cure* dans les montagnes (le texte grec est bien autrement énergique), et ne devait rentrer dans sa capitale que l'année suivante. C'est exactement l'histoire des excursions d'Akbar et de ses successeurs dans le Cachemire.

Bhimbar était alors la résidence d'un rajah mahométan, très-humble vassal des souverains de Delhi. L'assujettissement de ces populations et leur conversion à l'islamisme remontaient à l'époque de la conquête du Cachemire. Lors de la dislocation de l'empire mogol, les rajahs de Bhimbar secouèrent le joug, et demeurèrent libres jusqu'au temps de Runjit Singh. On voit encore les restes d'un fort qu'ils avaient bâti à cette époque pour affirmer leur indépendance. Mais ces débris sont bien peu de chose auprès de ceux du *Sarae* ou campement impérial, que Bernier avait vu dans toute sa splendeur, et dont les principales parties, que j'ai mesurées, sont encore assez bien conservées. C'est un énorme quadrilatère régulier, bâti en pierre et brique; chaque côté, double en profondeur, renferme cent quarante chambres ou cellules voûtées, dont la moitié donne sur la cour intérieure, l'autre sur le dehors. Les premières ont tout juste dix pieds carrés, les secondes dix de long sur six de large. Le milieu de la cour intérieure est occupé par une vaste *chapûtra*, ou plate-forme en maçonnerie. Vis-à-vis de la principale porte, on voit les ruines d'une mosquée; chacune de ces résidences de passage avait la sienne.

Outre ce premier campement, il y en avait

onze autres sur cette route, échelonnés de distance en distance, jusqu'aux premières pentes de la vallée de Cachemire. Le dernier, Kahnpur est à douze milles de Sirinagar. Le mieux conservé de tous est celui de *Saidabad,* la première station après Bhimbar, dont j'ai levé le plan. On y voit aussi une grande cour carrée entourée d'arcades et de logements. L'un de ces côtés, où les appartements sont plus vastes, et font saillie au centre, était évidemment affecté à l'Empereur. Ces grandes pièces sont adossées et communiquent, par l'intérieur, avec un pavillon qui a sa cour à part, entourée de murailles. C'était le zenanah ou gynécée [1].

[1] Les routes de la vallée de Cachemire dont il est question dans ce chapitre sont indiquées sur la carte par les chiffres suivants :

Par le col de Budil, nº II;

Par le Banyhal, nº XIV;

Route des Grands-Mogols, par Bhimbar et le Pir-Panjal, nº IV. — Embranchement de Jummoo sur Rajori, par Acknur, III.

VIII

Suite de la route des Grands-Mogols jusqu'à Rajaori. — De Jummoo à Rajaori. — Exploitation forestière de la vallée du Chinâb. — Acknûr et sa forteresse.

Aucun de ces *saraes,* si vaste qu'il fût, n'aurait suffi pour recevoir en même temps l'Empereur et toute sa suite. Mais, en fait, pendant ces voyages, il y avait toujours plusieurs campements occupés en même temps. Toute cette suite cheminait à la file, bêtes et gens, dans des sentiers où souvent on ne pouvait marcher qu'un à un. Ainsi Bernier et son patron, l'un des principaux personnages de l'Empire, et, comme tel, faisant partie de l'avant-garde, cheminaient à deux étapes de distance, en arrière de l'Empereur. On peut juger par là de l'effet que devait produire cet interminable défilé, cette ligne ondoyante, étincelante de sowars (cavaliers) richement équipés, d'éléphants avec leurs tourelles à treillis dorés (*mickdembers*), gynécées ambulants ; serpentant, se prolongeant à perte de vue, du fond des vallées aux cimes des montagnes, dans ces sentiers où l'on ne rencontre plus aujourd'hui, à de rares intervalles, que de flegmatiques *Travellers*, chevauchant le *Kashmeerian Handbook* à la main.

L'un des saraes les plus considérables est celui de Rajaori (cinquante-six milles de Bhimbar), dont la partie encore debout sert aujourd'hui de logement à bon nombre d'habitants de ce bourg. C'est à Rajaori que la route de Jummoo à Sirinagar par Acknûr, les hauteurs de Devithar et la vallée du Tavî-Minawar, vient se réunir à celle des Mogols. Il y a en tout cent quarante-huit milles de Bhimbar à Sirinagar, et cent soixante-neuf milles quand on vient de Jummoo.

La section de Jummoo à Rajaori, que j'ai parcourue plusieurs fois, ne manque pas d'intérêt. La route de terre jusqu'à Acknûr n'était de mon temps qu'un sentier tracé à travers la forêt, et dans lequel on rencontrait souvent des sangliers qui se dérangeaient à peine pour les passants.

Après avoir passé le Chinâb en bac à Acknûr, localité importante dont nous reparlerons, le chemin s'élève en décrivant de nombreux lacets, à travers les escarpements des *Kalithar Hills* (800 à 1,000 mètres), qui s'étendent entre la vallée du Chinâb et celle du Tavî. C'est une des parties les plus pittoresques de la « région des collines » ; les rochers épars sur les pentes ou qui se dressent sur les crêtes au milieu des broussailles affectent les formes les plus fantastiques. La chaleur est souvent très-forte sur ces déclivités rocailleuses, mais la charité hindoue pourvoit au soulagement des voyageurs altérés. Pendant la saison la plus chaude, on rencontre sur ce chemin des distributeurs d'eau, contenue dans ces vases poreux qui ont la propriété de la conserver longtemps fraîche. Ces gens sont, dit-on, des brahmans qui accomplissent une œuvre pie. On leur donne ce qu'on veut pour leur eau, qu'ils vont souvent chercher très-loin.

Le chemin descend dans la vallée du Tavî, qu'il remonte jusqu'à Rajaori. Ici l'on quitte le pays hindou pour entrer en terre musulmane ; aussi, cette contrée a encore la physionomie des *Borders* ou marches-frontières où les habitants sont dans un état de qui-vive continuel. Les demeures des thakars (cultivateurs) des environs de Dharmsola, solidement bâties en pierres de taille et placées comme en sentinelle sur des points culminants, ont un faux air de citadelles.

Dans ce parcours, le Tavî-Minawar coule sur une pente douce, et forme de distance en distance de larges bassins très-favorables à la pêche. J'ai vu là des pêcheurs faire usage avec succès du jus de l'euphorbe. Au moyen de cette substance, dont les propriétés narcotiques sont bien connues, ils engourdissent les poissons, qui se laissent ensuite prendre à la main.

Rajaori était également autrefois le siége d'un petit État, borné d'un côté par celui de Bhimbar, de l'autre par les monts Ratan qui sont déjà de vraies montagnes. On voit encore dans ce bourg le tombeau du dernier raja indépendant, *Agâ Jân*, détrôné par les Sikhs, et mort en prison. Il avait été remplacé par son frère, dépossédé à son tour par Gulab Singh, et dont le fils, pensionnaire du gouvernement britannique, vit aujourd'hui en simple particulier dans le Panjâb. La position de ce Sarae était des plus heureuses à la bifurcation des deux branches supérieures du Tavî, dont on suit à perte de vue l'arrivée par une série de cascades, à travers des rochers ombragés de beaux arbres verts. L'aïeul d'Aureng-Zeb, Jehan-Guir, grand amateur de beaux sites, avait pour celui-ci une affection singulière. Pour mieux en jouir, il s'était fait construire sur la rive gauche du Tavî, à l'endroit où la perspective des vallons supérieurs est la plus belle, deux pavillons de plaisance sur une vaste terrasse plantée, le tout relié au Sarae par un pont de pierre, qui subsiste encore en partie. Sur cette terrasse, il reste encore quelques platanes gigantesques, vieux témoins de ces splendeurs à jamais évanouies.

L'ancienne mosquée du *Sarae* subsiste encore; on en a fait un lieu de repos (*resting-house*) pour les touristes du Cachemire. Ceci donne la mesure de l'affaiblissement des croyances religieuses dans le pays.

Bernier raconte qu'il se sentit renaître, dès qu'il eut escaladé le premier contre-fort de Bhimbar, qu'il appelle « l'affreuse muraille du monde ». Sur l'autre revers de cette muraille, il se crut transporté comme par enchantement au centre de la France. C'était la même température et en partie les mêmes plantes, arbustes et arbres à feuilles caduques. Il est vrai que dans les endroits abrités, sur les pentes méridionales, la végétation tropicale reparaît. Cette description est encore exacte de tous points. Sauf certains arbres particuliers à l'Asie, et dont plusieurs ont même été acclimatés avec succès en Europe, comme le cèdre *Deodora* et le pin *Excelsa,* la région des collines et celle des *Middle Mountains* qui lui succède ont une physionomie tout à fait européenne.

Du temps du voyageur français, les magnifiques futaies de conifères qui couvrent les pentes de ces montagnes n'étaient pas exploitées. Aussi, en gravissant une succession de rampes de plus en plus hautes, il apercevait de toutes parts des arbres énormes morts de vieillesse. D'autres, déracinés ou brisés par les avalanches, avaient roulé dans les précipices. Sous ce rapport, la physionomie des territoires de Jummoo et Cachemire a beaucoup changé depuis quelques années, grâce aux judicieuses mesures prises par Renbîr Singh. Il a su comprendre que l'aménagement de ces forêts, qui comptent parmi les plus belles du monde, lui donnerait un bénéfice considérable, et profiterait en même temps à ses sujets.

Aujourd'hui, les cèdres et autres arbres verts qui couvrent les pentes de la vallée du Chinâb et des vallons adjacents sont marqués, lors de l'abattage, au chiffre du propriétaire du territoire, puis charriés par flottage à bûches perdues jusqu'à *Riasi,* chef-lieu de district, situé à la sortie des dernières gorges, à une vingtaine de milles en amont du bourg d'Acknûr, où le Chinâb devient navigable. L'arrêt de ces bois au passage, leur assemblage en radeaux et leur conduite jusqu'à Acknûr, fournissent pendant plusieurs mois aux riverains une occupation pénible, mais lucrative. Munis de l'appareil natatoire d'outres nommmé *Sorna* (voir ci-dessus), ils vont hardiment relancer en pleine eau les arbres que charrie le fleuve, leur donnent une impulsion qui les détourne du courant et les pousse vers la rive, où ils en forment des trains qu'ils conduisent à Acknûr. Cette conduite est la partie la plus dangereuse de leur tâche, à cause des brisants. Chaque radeau est manœuvré, au moyen de bambous faisant office d'avirons, par deux rameurs toujours munis de leurs *sornas ;* — précaution rigoureusement indispensable ; car, malgré toute leur vigueur et leur adresse, le radeau est souvent disloqué et culbuté. Cependant, les accidents mortels ne sont pas communs.

Arrivés à Acknûr, siége de l'Office Forestier, ces mariniers aventureux sont payés en proportion de la quantité de bois qu'ils apportent, à raison de tant le mètre cube.

Le temps le plus favorable pour ces opérations est l'époque des crues provenant de la fonte des neiges dite *Charhaa;* l'eau du Chinâb prend alors cette teinte laiteuse, bien connue de tous ceux qui ont voyagé en Suisse. Mais il y a d'autres crues subites et furieuses nommées *Har*, provenant de pluies diluviennes, qui semblent des revanches de cette sauvage nature contre les témérités de l'industrie humaine. Pendant ces accès de colère du Chinâb, les plus hardis mariniers n'osent le braver. Quelquefois il fait irruption dans les chantiers de la rive, ressaisit, brise les arbres qu'on préparait pour l'embarquement. A Acknûr même, ces crues se font encore sentir si violemment, que souvent elles cassent les cordes du bac de Jummoo et l'entraînent au loin en dérive, bien qu'on mette alors en réquisition, pour le maintenir, tout ce qui se trouve de chevaux et de chameaux dans le pays.

Malgré ces sinistres, je crois que la mise en exploitation de ces forêts a été un véritable bienfait pour les sujets du Maharaja, et pour la population des districts montagneux et boisés de

Chamba, Lahol et Spitti, que le Chinâb traverse avant d'entrer sur le territoire de Ranbîr Singh, et auxquels on a étendu ce système d'organisation forestière [1].

A partir d'Acknûr, on forme avec ces bois des trains plus considérables de cinquante à soixante gros arbres, qui descendent jusqu'à Wazirabad, station du *Great Trunk Road*, d'où ils sont expédiés dans les plaines. On exporte ainsi tous les ans, rien que du territoire du Maharaja, environ vingt mille pieds d'arbres, donnant chacun en moyenne de vingt à vingt-cinq mètres cubes, et qui lui rapportent, tous frais déduits, plus de vingt mille livres sterling.

Parmi ces bois, le plus recherché pour la charpente est le *Deodora*, parce que c'est celui qui résiste le mieux au travail destructeur des fourmis blanches. Le *Pinus excelsa* (arbre magnifique, qui réussit à merveille en Europe) fait d'excellentes traverses pour les chemins de fer; le *Pinus longifolia*, d'un bois plus léger, est employé dans les toitures.

La petite ville ou bourgade d'Acknûr, en voie

[1] Organisation dont tout l'honneur appartient à M. Drew, qui a appliqué avec le même succès ce système de flottage au Jhélam et à ses affluents. (T.)

de prendre une sérieuse importance commerciale, est remarquable par sa belle forteresse, construite dans le siècle dernier, à l'instar des forts mongols, par Miân-Teg-Singh, raja de Jummoo et autres lieux. Cette citadelle, dont je joins ici le dessin, est fièrement campée sur une colline rocheuse qui commande le débouché du fleuve et toute la contrée adjacente. Entourée d'un rempart flanqué de tours, elle couvre un espace d'environ deux cents yards. Outre la porte principale du côté de terre, elle a une poterne sur la rivière. Sa situation est non-seulement pittoresque, mais fort importante au point de vue militaire. Aussi, elle a fixé l'attention du gouvernement britannique. Dernièrement, il a jugé convenable de mettre garnison dans ce fort, qui pourtant est bien sur le territoire de son allié Renbîr. Il est vrai que cette occupation a eu lieu en partie dans l'intérêt du prince; elle met plus à sa portée, en cas de besoin, le secours de son puissant allié [1]. Il existe encore dans le pays quelques descendants incontestables de Teg-Singh, gens des plus inoffensifs. Le gouverne-

[1] Le gouvernement britannique a sûrement eu, pour agir ainsi, plusieurs raisons excellentes, outre celle du plus fort, qui est toujours la meilleure. (T.)

ment anglais leur a laissé quelques droits seigneuriaux, et leur permet même de demeurer à Acknûr[1].

Indépendamment de la route de terre dont nous avons parlé, cette localité doit être reliée plus tard à Jummoo par un canal de dérivation que fait creuser le Maharaja, canal qui établira une communication commode et régulière, par eau, avec l'Inde anglaise. Enfin, on vient de construire à Acknûr un beau pont sur le Chinâb, à l'inauguration duquel le prince de Galles a assisté en 1875. Ce pont est installé au-dessus du niveau des plus grandes inondations.

Nous retournons à la route du Cachemire par Rajaori, dont cette digression forestière nous a un peu éloigné.

[1] Ces princes dépossédés ont l'agrément de voir, au-dessus de leurs têtes, reluire aux créneaux de la forteresse bâtie par leurs ancêtres, les baïonnettes et les habits rouges des Anglais. — Une lettre récente de M. Drew me signale une circonstance qui sauve un peu l'amour-propre du Maharaja. A l'occasion de la proclamation de S. M. la reine Victoria comme impératrice des Indes, il a été promu au grade de général dans l'armée anglaise. (T.)

IX

Suite de la route des Mogols. — Le col de Ratan. — Dégringolade mémorable de quinze éléphants et de soixante odalisques dans un précipice. — Le Pir Panjal. — La dernière descente. — Autres routes du Cachemire. — Le district de Punch et ses forteresses.

En sortant de Rajaori, on suit la gorge pittoresque par laquelle une des branches supérieures du Tavî descend presque en ligne droite du col de Ratan. Avant d'y arriver, on fait halte à Thanna (quatorze milles de Rajaori). J'ai vu là les ruines d'un *Sarac* où les appartements étaient moins nombreux, mais plus vastes et plus ornés que dans tous les autres campements impériaux.

Les monts Ratan, dont l'aspect rappelle le Jura français, sont couverts d'une forêt d'arbres verts splendides, et peuplés de singes noirs et gris, nommés *Langûr* dans le pays. Après avoir franchi le col ou *Pir* Ratan (huit mille deux cents pieds d'altitude), d'où l'on jouit d'une vue superbe sur la chaîne du Panjal plus haute encore, on descend par une pente très-roide, dans laquelle il est prudent de mettre pied à terre, jusqu'à *Baramgalla*. Cette station est dans un vallon étroit, où coule un torrent descendu du Pir Panjal, et qui, réuni à plusieurs autres, forme le *Punch*, affluent du Jhelam.

De Baramgalla à *Poshiana*, la route est des plus pénibles. On suit le fond d'une ravine encombrée de rochers qu'il faut tantôt contourner, tantôt franchir au moyen de petits ponts de bois jetés d'une roche à l'autre. Après Poshiana, où l'on voit les ruines d'un *Sarae* qui paraît n'avoir jamais été terminé, on s'engage dans une nouvelle rampe plus longue et plus escarpée que les précédentes. Elle conduit, à travers des massifs de bouleaux et d'arbres verts, au Pir Panjal (près de trois mille cinq cents mètres), le passage le plus élevé qu'on rencontre sur cette route. Dans quelques endroits, la neige n'y fond jamais entièrement.

Ce fut dans cette montée du Pir Panjal que le sérail ambulant d'Aureng-Zeb essuya un atroce accident. Ces beautés voyageaient quatre par quatre à dos d'éléphant, dans des *Mikdembers* ou tourelles grillées. Il y avait soixante femmes, réparties par conséquent sur quinze éléphants.

Dans un des plus mauvais passages, où le sentier, fort étroit comme presque toujours, tourne en corniche autour d'un rocher à pic, l'éléphant qui marchait en tête eut peur, recula sur le second et ainsi de suite à la file, si bien que tout le gynécée roula au détour dans le précipice, qui « heureusement, dit Bernier, n'était pas très-profond en cet endroit ». Aussi, le désastre fut moins complet qu'on ne le supposait d'abord. Il n'y eut que trois ou quatre odalisques absolument écrasées. Les autres en furent quittes pour des contusions et pour la peur; mais on ne put sauver aucun des éléphants. Bernier, qui passa par là deux jours après, vit quelques-uns de ces malheureux quadrupèdes qui n'étaient pas encore morts, et levaient leurs trompes pour implorer du secours.

Au sommet du col, où de nombreux travailleurs étaient occupés à déblayer la neige, Bernier rencontra un fakir à longue barbe blanche, qui vivait là depuis le temps de Jehan-Guir, c'est-à-dire depuis au moins quarante ans, puisqu'on était en 1665, et que ce prince était mort en 1628. On attribuait à ce saint homme, qui demandait impérieusement l'aumône, le pouvoir de faire pleuvoir, neiger et changer le vent à son gré. Comme les hauteurs qui surplombent le passage étaient encore surchargées de neige, il engageait sagement tout le monde à passer vite pour ne pas ébranler l'air, et racontait à ce sujet que Jehan-Guir, ayant méprisé cet avis en pareille circonstance, et fait faire, par bravade, un grand bruit de trompettes et de timbales dans ce lieu, avait provoqué la chute d'une avalanche et failli périr avec toute sa suite. C'était peut-être cet incident qui avait valu au fakir du Pir Panjal sa réputation de thaumaturge.

A propos de ce mot *Pir*, synonyme de *Pas* ou de *Col* dans ces montagnes, il est à remarquer qu'il signifie vieillard en persan. Le récit du voyageur français donnerait à penser que le Pir Panjal, ainsi que plusieurs autres passages connus sous la même dénomination (*Pir* Ratan, *Pir* Haji sur la route de Punch, *Pir* Hatu dans la région du haut Indus), l'ont reçue originairement en mémoire de fakirs ermites.

A la station d'Aliabad, qu'on rencontre à quatre cents mètres au-dessous du col, et où il fait à peu près aussi froid, un industriel cachemirien s'est avisé d'installer une sorte d'hôtel où les voyageurs ont rarement l'idée de s'arrêter. D'Aliabad on se dirige sur Hispar, village situé à environ huit cents mètres plus bas. Côtoyant l'un des nombreux torrents qui se précipitent et semblent se hâter d'arriver à la vallée heureuse, la route, elle aussi, descend rapidement à travers les rochers. Bientôt, le gazon reparaît, puis les arbres : bouleaux, pins, sapins argentés, d'abord maigres et étiolés, puis de plus en plus vigoureux. En même temps, le sol se couvre de fraisiers, de violettes, de pâquerettes. Au-dessous d'Hispar, on n'aperçoit encore qu'une faible partie de la vallée de Cachemire, mais on est en présence d'un superbe horizon de montagnes. Au delà d'une première chaîne dont les plus hauts sommets ne dépassent pas trois mille mètres, on aperçoit, à quarante, cinquante et jusqu'à soixante-dix milles de distance, les cimes neigeuses, hautes de sept mille mètres et davantage, qui séparent le Cachemire du Ladakh (*Snowy Range, Sierra Nevada*).

Plus on avance, plus le paysage devient attrayant sans cesser d'être grandiose, surtout à partir de Shapeyan, quand on commence à distinguer l'ensemble du pays. En venant par cette route, on aborde la vallée en amont ; par conséquent, on descend sur Sirinagor, et c'est ainsi que l'arrivée de cette ville produit le plus d'effet.

Cette route par Jummoo ou Bhimbar, Rajaori et le Pir Panjal, la plus fréquentée par les touristes, n'est praticable que pendant sept mois de l'année. Outre celles indiquées précédemment, par Jummoo et le Banihâl ou Budil, il en existe trois autres qui entrent dans le Cachemire par l'ouest, en remontant le Jhélam. Deux de ces routes ont pour point de départ *Rawal Pindî,* chef-lieu du district montagneux de ce nom dans le haut Panjâb, et l'une des dernières stations du *Great Trunk Road.* La première passe par *Morî* ou *Murree,* poste sanitaire bien connu dans l'Inde anglaise. L'autre fait un détour encore plus grand dans le nord, par Abbotabad dans le Hazzara, et pénètre sur le territoire du Maharaja par Mouzafarabad. Cette route, la plus longue et la moins intéressante, est en revanche la *meilleure,* c'est-à-dire la seule qui ne présente aucune difficulté, même dans la mauvaise saison.

Reste la communication par Jhélam (ville) et Punch, dont je puis parler *de visu.*

Jhélam, station du *Great Trunk Road,* à cent milles au delà de Lahore, mais à plus de soixante milles en deçà de Rawal Pindî, est situé sur la rivière du même nom, à l'endroit où elle débouche dans la plaine du Panjâb. Le col le plus élevé qu'on rencontre dans la traversée du district de Punch est le *Hajî Pass*, haut de huit mille cinq cents pieds (anglais), passage quelquefois difficile en hiver, mais jamais impraticable.

Les deux localités les plus intéressantes qu'on rencontre dans ce parcours sont Mirpur et Punch.

Mirpur, gros bourg assis sur les premiers contre-forts de la région des collines dans cette direction, est le siége de l'agence forestière pour le flottage des bois sur le haut Jhélam et ses affluents, comme Acknûr l'est pour le Chinâb.

Punch, chef-lieu du petit État de ce nom, est, comme nous l'avons déjà dit, la résidence habituelle de Motî Singh, cousin et vassal de Renbîr. Cette petite ville est heureusement située sur la rivière du même nom, au débouché de deux vallées, à environ neuf cents mètres au-dessus du niveau de la mer. Elle possède un bazar bien achalandé, une citadelle et un palais restauré et fort augmenté par Motî Singh. Ce souverain minuscule est, d'ailleurs, un homme de progrès. Il s'est prêté de fort bonne grâce à l'introduction dans ses domaines de la culture de la canne à sucre, par moi proposée, et qui a parfaitement réussi.

Cette communication intermédiaire sur Sirinagar par Punch pourra prendre une grande importance, quand le chemin de fer du Panjâb sera prolongé jusqu'à Jhélam [1].

Toute cette contrée entre le Chinâb et le Jhélam est parsemée de fortins d'un accès difficile, qui servaient jadis de refuges ou de repaires aux rajas indépendants. Tous ces postes sont aujourd'hui occupés par des détachements de soldats du Maharaja ; plusieurs n'ont qu'une douzaine d'hommes de garnison. Parmi ces petits forts,

[1] C'est sous l'administration du marquis de Dalhousie (1849) que les premiers chemins de fer de l'Inde furent mis à l'étude. Avant l'insurrection de 1857, des tronçons importants étaient déjà ouverts dans les gouvernements du Bengale et de Bombay. Au 31 mars 1872, le réseau anglo-indien en activité comprenait 5,204 milles, dont 725 à double voie, et 2,642 en construction. Les deux lignes les plus considérables sont l'*East Indian* (1,280 milles), qui met en communication Calcutta et le Panjâb, et le *Great India Peninsulaw,* qui relie Bombay à Calcutta et à Madras. Au 31 décembre 1871, le personnel des chemins de fer indiens comprenait 68,217 employés, dont 4,852 européens. Dans le tableau des accidents arrivés sur le réseau pendant la campagne 1871-72, on en compte 314 par suite d'invasion de bétail (*cattle*) sur la voie. Sous ce nom anodin de bétail figurent les tigres, buffles, hyènes, et autres rois dépossédés de la jungle. (Pour plus de détails sur les chemins de fer anglo-indiens, v. VALBEZEN, *les Anglais dans l'Inde* (Plon), t. II, pages 367 et suiv.)

vrais nids de vautours, les plus curieux sont *Mangla,* sur le Jhélam; *Mangal Dev,* près de Naushahra, et *Troch,* près de Kotli, tous trois perchés sur des rocs tellement escarpés, qu'on a peine à comprendre comment on pourrait s'en emparer autrement que par famine, et même comment ceux qui les occupent peuvent en sortir.

X

Le district d'Udampur. — Bhâdarwah. — Kishtwar et sa cascade.

Avant d'aborder le gouvernement de Cachemire, il nous reste à parcourir la partie la plus montueuse et la plus pittoresque de celui de Jummoo, le district d'Udampur, qui comprend les vallées du haut Chinâb et de ses principaux affluents. Ce district, de même que celui de Riasi et l'État de Punch, est censé appartenir à la région des « montagnes moyennes », bien que celles qui s'élèvent à l'extrémité du nord-est, du côté du Chamba et du Ladakh, soient d'une hauteur fort au-dessus de la moyenne.

Ici, comme ailleurs, je ne décrirai en détail que les localités que j'ai visitées moi-même.

Le véritable nom indigène du Chinâb est *Chandra-Bâgha,* désignation parfaitement justifiée, puisque ce fleuve est formé par la réunion de deux branches supérieures, le Chandra et le

Bâgha, qui prennent leur source dans le pays de Lahol et viennent se confondre dans celui de Chamba, d'où le Chandra-Bâgha passe dans le gouvernement de Jummoo. Ce sont les populations mahométanes de l'Inde qui ont appelé ce fleuve *Chinâb* (Chinois), parce qu'il vient du Lahol, dont les habitants ont, en effet, une affinité marquée de langage, de physionomie et de religion, avec ceux du Céleste Empire.

Dans un parcours de deux cent cinq milles sur le territoire du Maharaja, le Chinâb reçoit un grand nombre de cours d'eau, plus ou moins torrentiels. Les principaux sont l'*Unyiar*, le *Shandi*, le *Bhûtna*, le *Marû Wardwan*, le *Nerù*, le *Baggi*, le *Lidar*, l'*Ans*, les deux *Tavi*. La plupart de ces affluents débouchent de gorges richement boisées, et fournissent un ample contingent à l'exploitation forestière.

A quelques milles en amont de Riasi, le Chinâb tourne brusquement de l'ouest au sud, en décrivant un angle aigu. Le massif de montagnes contenu dans cet angle se nomme *Trikthar* ou *Devi Thar*. On y trouve des cimes hautes de huit à dix mille pieds. L'une d'elles, de forme triangulaire, et flanquée de deux autres à peu près semblables, mais plus petites, est un lieu de pèlerinage très-fréquenté par les habitants de la plaine du Penjâb, principalement par les commerçants et artisans, qui y viennent avec leurs femmes et leurs enfants. Sur l'un des rochers qui surplombent la rive gauche, on aperçoit le fort de *Dhyiangarsh,* bâti, comme ce nom l'indique, par le célèbre Dhyian Singh, l'oncle du Maharaja actuel; sur l'autre rive, plus en amont, deux autres forts nommés *Salâl* et *Arnâs*. Entre Riasi et l'embouchure de l'Ans, le cours du fleuve est encombré d'écueils qui déterminent de violents remous et en rendent le passage souvent impraticable et toujours dangereux. J'ai vu deux mariniers éprouvés, de ces intrépides ramasseurs de bois dont j'ai parlé ailleurs, ayant tenté de franchir ce passage sur un radeau fait de plusieurs gros arbres réunis, rester le jouet des courants et des contre-courants pendant une journée entière sans pouvoir atterrir ni être secourus, et n'échapper à la mort que par miracle.

L'une des routes les plus intéressantes de cette région est celle de Jummoo à Kishtwâr par Ramnagar et Bhadarwah (distance de cent vingt-neuf milles et demi). Cette *route,* fort pénible pour les chevaux, n'est praticable que pendant

6

BIBLIOTHÈQUE NATIONALE RF IMPRIMÉS

neuf mois de l'année. Nous avons décrit précédemment Ramnagar, qui appartient encore à la région des collines. Du col de Seojî (trois mille trois cents mètres), qu'on gravit après Ramnagar, on aperçoit, par-dessus les montagnes de la rive gauche du Chinâb, celles de la rive droite, plus hautes encore, et devant soi, à une profondeur de cinq mille pieds, le bourg de Bhadarwah. C'est un horizon, à plusieurs plans, de prairies, de forêts, de cimes neigeuses, presque aussi beau que ceux mêmes du Cachemire.

En descendant sur Bhadarwah, je traversai une des plus remarquables futaies d'arbres verts que j'aie vues dans ces États. Il y a là des cèdres *deodora* et des pins *excelsa* qui ont jusqu'à cent cinquante pieds de haut, la plupart droits et élancés comme des mâts de vaisseau. Aussi le bourg, qui contient de six à sept cents maisons et environ trois mille habitants, est construit tout entier en bois de cèdres qu'on n'a eu que la peine de faire rouler sur ces pentes. Bien qu'on soit encore à près de cinq mille cinq cents pieds au-dessus du niveau de la mer, la température est assez douce au fond de cet entonnoir abrité de toutes parts. Le terrain, d'ailleurs arrosé copieusement, y est d'une étonnante fertilité. On y cultive avec succès du riz et des arbres à fruit de toute espèce, pommes, poires, abricots, mûres. Aussi cet endroit est surnommé le *petit Cachemire,* avec d'autant plus de raison d'ailleurs, que la moitié environ des habitants est d'origine cachemirienne. Ceux-là sont mahométans et les autres hindous, mais les deux cultes vivent en paix côte à côte ; il y a deux mosquées pour les uns et un beau temple bien garni d'idoles pour les autres. La population laborieuse et industrieuse de ce joli endroit s'occupe de culture l'été, et du tissage des châles l'hiver. Quand je visitai Bhadarwah, on était au mois de mai. Tous les habitants piochaient avec ardeur dans la campagne, s'accompagnant d'une sorte de mélopée monotone, mais nullement désagréable, dont le rhythme s'associait à la manœuvre de l'outil. Après avoir ainsi défoncé le terrain, ils se mirent, toujours chantonnant, à broyer les mottes avec un autre engin, absolument semblable aux maillets du jeu de croket.

Jamais je n'ai vu autant d'eaux courantes que dans ce bourg. Elles y affluent de toutes parts ; ce ne sont que ruisseaux sur la grande place, dans chaque rue, entre chaque habitation. Tous ces ruisseaux s'unissent pour former le *Narû,* l'un des affluents du Chinâb. La principale rue, large et droite, monte à un fort qui domine le bourg d'environ trois cents mètres.

Bhadarwah était un fief d'Hira Singh, le fils aîné de Dhyian Singh. Après la mort tragique de ce prince, que nous avons racontée ailleurs, son oncle Gulab s'adjugea ce domaine, au préjudice de ses deux autres neveux, Jowahir et Motî.

De Bhadarwah à Kishtwâr, la distance est d'un peu plus de cinquante milles. A *Jangalwâr* (dix-sept milles et demi de Bhadarwah), on rejoint, pour ne plus la quitter, la vallée du Chinâb. Pendant plusieurs milles, ce fleuve coule dans un canal étroit, entre deux talus à pic qu'on dirait taillés de main d'homme. Dans tout ce trajet jusqu'à Kishtwâr, les pentes inférieures des montagnes sont couvertes, jusqu'à une hauteur de deux mille pieds au moins, d'une épaisse forêt d'arbres verts ou à feuilles caduques.

Kishtwâr est situé à cinq mille cinq cents pieds d'altitude, sur une espèce de petite plaine ou plateau de cinq milles de long sur deux de large, non loin du confluent du Chinâb et du Marû-Wardwan. Cette rivière torrentielle, d'un volume considérable, descend des hautes montagnes qui séparent le petit Thibet du Jummoo et du Cachemire. C'est elle qui forme la merveilleuse cascade dont j'ai déjà parlé, en se précipitant dans le Chinâb d'une hauteur totale de deux mille cinq cents pieds, divisée en cinq ou six chutes. Du village même, éloigné de quatre à cinq milles, on entend distinctement le bruit des eaux, et l'on aperçoit très-bien les deux ressauts supérieurs, hauts chacun d'au moins cinq cents pieds.

Cette cascade produit surtout un admirable effet vers la fin de mai, époque où les eaux sont le plus abondantes par suite de la fonte des neiges : c'est dans ce moment-là que je l'ai vue. Ce qui lui donne un caractère tout à fait à part, c'est la variété de forme et de mouvement des diverses chutes. Aux deux premiers ressauts, qui ont lieu sur des plates-formes en saillie, l'eau se précipite en masse et rejaillit en poussière dans un large rayon, par la violence du choc. Plus bas, ce ne sont plus des rochers en surplomb, mais des pentes inclinées sur lesquelles les eaux s'étalent, se rassemblent ou se divisent encore alternativement, suivant les caprices de la surface, jusqu'à la chute suivante. Au soleil levant, on jouit d'admirables effets de réfraction, à travers ces tourbillons de poussière aqueuse. Les habitants croient que ces reflets ondoyants, teints de toutes les couleurs de l'arc-en-ciel, proviennent des ondines qui, à cette heure, viennent se baigner dans la cascade.

Le climat de Kishtwâr est encore plus doux que celui de la station précédente; aussi l'on y trouve la même profusion d'arbres à fruit. De plus, c'est le chêne qui domine, jusqu'à une assez grande hauteur, dans les futaies qui couvrent la base des montagnes, ce qui achève de donner à ce beau lieu une physionomie européenne.

Kishtwâr fut gouverné par des rajas indépendants jusqu'à l'époque de la conquête du Cachemire par les Mogols. Le raja alors régnant se nommait Bhagwân Singh, et ne se soumit pas sans résistance aux conquérants [1]. La dernière station avant Kishtwâr du côté de Cachemire

[1] Kishtwâr est bien plus rapproché du Cachemire que de Jummoo. D'Ismailabad, première station de la vallée, à Kishtwâr, il n'y a pas plus de 69 milles. Il est vrai que la route est très-pénible. On y rencontre un col haut de 11,370 pieds, et cinq ou six rivières et torrents, que les piétons franchissent sur des ponts de cordes, et les chevaux à la nage, au risque de se noyer, ce qui arrive assez souvent.

se nomme *Mughal-Mizar,* tombeau des Mogols, en souvenir d'une rencontre qui eut lieu dans cet endroit, et où périrent, dit-on, plusieurs centaines de soldats d'Akbar. Une lutte si disproportionnée ne dut pas être longue, mais Akbar usa généreusement de la victoire. Il laissa au raja la possession de son petit État, et se contenta de placer auprès de lui deux vizirs mogols, « pour l'avertir s'il commettait quelques fautes ». Les fonctions de ces deux ministres ressemblaient fort à celles des résidents anglais d'à présent auprès des princes indigènes; c'est assez dire que la souveraineté de Bhagwân et de ses successeurs ne fut plus guère qu'honorifique. Les charges de ces ministres étaient héréditaires, et j'ai connu de leurs descendants qui habitent encore dans le pays.

Tout en devenant vassal du Grand Mogol, Bhagwân était demeuré fidèle à la foi de ses pères. Gîrat Singh, son arrière-petit-fils, embrassa le mahométisme, et cet exemple fut suivi par une partie de ses sujets. On prétend qu'il fut converti par les miracles d'un saint homme nommé Farîd-ud-Dîn. Le vrai motif de cette conversion fut de plaire au Grand Mogol de ce temps-là, Aureng-Zeb, qui prit en effet le néophyte en grande amitié et lui donna le nom d'Yâr *Khân*. Tous ses successeurs eurent ainsi un double nom, l'un avec la désinence indigène *Singh* (sire ou seigneur), l'autre avec celle de *Khân*, qui signifie la même chose pour les mahométans.

Le dernier raja indépendant de Kishtwàr se nommait Teg Singh. Malgré la dissolution de l'empire mogol, ces rajas, princes fainéants, avaient conservé l'habitude de faire gouverner leur État par des ministres héréditaires, véritables maires du palais. Cependant, Teg Singh eut un jour quelque velléité de voir clair dans ses affaires. Il s'ensuivit une violente querelle avec le ministre en exercice, nommé Lakpat. On en vint aux voies de fait; le raja fut vigoureusement étrillé et même blessé. Lakpat, craignant la vengeance de *son maître*, se réfugia auprès de Gulab Singh, et lui offrit ses services pour la conquête de Kishtwâr. Il n'ignorait pas que Gulab convoitait depuis longtemps cette position, qui lui assurait un passage praticable, sinon commode, à travers les montagnes, pour pénétrer dans le petit Thibet.

Kishtwâr fut occupé presque sans résistance. Le raja dépossédé a fini ses jours à Lahore, et ses enfants ont été, dit-on, convertis au christianisme par un missionnaire américain. Quant à Lakpat, resté en grande faveur auprès de Gulab, il fut tué quelques années après (en 1846) dans un combat livré par celui-ci aux Cachemiriens qui refusaient de reconnaître son autorité. Le fils de ce Lakpat était encore l'un des ministres de Reubîr Singh lors de mon arrivée dans le pays : il est mort quelques années après.

Kishtwâr, si longtemps chef-lieu d'un État florissant, n'est plus même chef-lieu de district. On n'y compte pas aujourd'hui plus de deux cents maisons habitées ; les autres tombent en ruine. Cette décadence contraste péniblement avec la splendeur persistante de la cascade et le charme du paysage.

XI

Excursion de Kishtwâr à Atholi. — Les pics de Brama. — Le siége de Chatargash. — La vallée de Bhutnâ. — Les tribulations du village d'Hamurî.

De Kishtwâr, je fis une excursion dans la région des hautes montagnes qui séparent le gouvernement de Jummoo du Ladakh. Chargé alors de l'administration forestière du Maharaja, j'avais à étudier les ressources qu'on pourrait tirer de cette région du haut Chinâb, si richement boisée.

Cette excursion, sans être très-dangereuse, ne doit être entreprise que par des *mountaineers* exercés. Depuis Kishtwâr jusqu'à Atholi, où l'on quitte la vallée du Chinâb, on rencontre un grand nombre de torrents, profondément encaissés, qu'il faut franchir sur des ponts faits de baguettes de bouleau, enlacées bout à bout, faisant office de cordes. Dans quelques localités, on emploie, au lieu de baguettes, des lanières en cuir de buffle. Ces ponts se nomment *Jhûla*, escarpolette, et jamais appellation ne fut mieux justifiée. Plusieurs de ces fragiles passerelles ont trois cents pieds de long et davantage ; j'en ai même mesuré une sur le haut Indus, dans le Baltistan, qui en avait trois cent soixante-dix. Tout en faisant bonne contenance, je me suis senti plus d'une fois médiocrement à l'aise sur ces balançoires suspendues au-dessus des abîmes, surtout quand le vent se mettait de la partie, ce qui n'est pas rare dans ces gorges.

Ces passerelles, qu'on est obligé de renouveler tous les trois ans, ne servent, bien entendu, qu'aux bipèdes. Je n'ai jamais vu qu'un seul quadrupède qui osât s'y hasarder. C'était un épagneul appartenant à un de mes agents indigènes dans le Ladakh.

Dans quelques localités sur le haut Chinâb, on se sert d'un autre genre de passerelle encore plus hardi. Sur chaque bord du fleuve, s'il n'y a pas d'arbres, on installe solidement des poutres, disposées de telle sorte que le côté d'où l'on part soit le plus élevé. Un simple câble est tendu d'un bord à l'autre. Pour traverser, le voyageur se fait attacher à une forte courroie passée dans un œillet surmontant une sorte de demi-cylindre en bois, puis il saisit ce demi-cylindre et se hale le long du câble faisant chaînette. Dans cette évolution, l'homme ainsi suspendu fait contre-poids à la pente du câble et ne court aucun risque d'être lancé contre le poteau d'en face; ce n'est même qu'à force de bras qu'il peut gagner l'autre rive. Pour passer dans l'autre sens, il faut naturellement un second appareil semblable, disposé en sens inverse [1].

Il me fallut cinq jours de marche pour franchir les quarante-huit milles qui séparent Kishtwâr d'Atholi. Pendant tout ce trajet, la vallée ou plutôt la gorge du Chinâb est toujours richement boisée, ainsi que les vallons latéraux. On y voit des chênes et des bouleaux de la plus belle venue, mêlés aux arbres verts de l'Inde : le dessous des futaies est garni de cépées de noisetiers. Le niveau de la vallée qu'on remonte s'élève rapidement, surtout dans la dernière partie du chemin. De *Piyas* à *Siri*, la dernière station avant Atholi, on gravit, dans un espace d'un

[1] Ces appareils se nomment, dans les États du maharajâ, *chikâ*, ponts de halage. Il en existe dans le grand Thibet de semblables, qui ont été décrits par les missionnaires français. Les câbles y sont faits en fibres de bambou tressées ou en lanières de cuir d'yak. Le demi-cercle en bois dont se sert le voyageur se nomme *Oouia-ta* dans le Thibet. (V. la *Mission du Thibet*, par M. l'abbé DESGODINS, p. 265. Palmé.)

peu moins de dix milles, une rampe de deux mille trois cents pieds.

De cette station de Sirî, située à huit mille sept cents pieds d'altitude, sur une éminence couverte d'herbe dans cette saison, j'eus la bonne fortune de jouir d'un de ces panoramas grandioses, si rares dans l'Himalaya, où des montagnes de première grandeur apparaissent en premier plan, dans toute leur majesté, comme le mont Blanc du côté de Cormayeur. A une distance de douze milles à peine, à près de quatre mille mètres d'altitude relative, se dressait verticalement au-dessus de nos têtes l'un des plus beaux groupes de la grande chaîne qui sépare le Jummoo et le Cachemire du Ladakh : les cinq pics de Brahma, hauts de six mille quatre cents à six mille sept cents mètres, entourés de glaciers, et couronnés de neiges éternelles [1].

Atholi est le chef-lieu de la contrée nommée *Padar*, qu'il ne faut pas confondre, comme l'ont fait quelques écrivains, avec *Padam*, qui se trouve sur l'autre revers de ces montagnes, dans la vallée de Zanskar (Ladakh). Atholi est une

1 Trois de ces pics, dont l'altitude est indiquée dans la carte de Survey, dépassent vingt et un mille pieds ; le plus élevé en a vingt et un mille cinq cent quatre-vingt-quatre.

bourgade d'environ quatre cents maisons, située dans le fond d'une espèce d'entonnoir, à six mille trois cent soixante pieds d'altitude, au confluent du Chinâb et du *Bhûtna,* cours d'eau torrentiel. Le Chinâb lui-même est d'une impétuosité formidable dans ces parages : dans cette saison, qui était celle de la fonte des neiges, il courait avec une vitesse de quarante-sept milles et demi à l'heure. Le climat est des plus sévères à Atholi ; les moissons y mûrissent difficilement, attendu que le soleil y est presque toujours intercepté, non-seulement par les nuages qu'attirent les montagnes, mais par les montagnes elles-mêmes qui surplombent de toutes parts.

Cette contrée, et celle d'Astor, dans le gouvernement de Gilgit, sont les seules où j'aie trouvé une espèce fort rare de conifères, le pin comestible de Gérard (*Gerardiana*). C'est un arbre à écorce lisse, d'une hauteur médiocre, mais d'une large envergure.

Ce pauvre pays, enseveli sous la neige pendant une partie de l'année, fréquemment désolé par des avalanches et des inondations qui charrient d'énormes fragments de rochers, n'en a pas moins excité plus d'une fois les convoitises des conquérants.

Il était primitivement réparti entre plusieurs petits rajas de la caste des Rajpouts, appelés Rânâs, qui possédaient chacun deux ou trois villages et se faisaient la guerre tous les ans, dès qu'ils pouvaient sortir de chez eux. Plus haut encore, dans la vallée du Chinâb, se trouvait une autre contrée nommée *Pangî,* limitrophe du Padar, et soumise comme lui au régime de la féodalité pure.

Vers 1650, un voisin ambitieux et relativement puissant, Chatar Singh, raja de Chamba, mit fin à cet état de choses en envahissant le Pangî, et subséquemment le Padar avec une *armée* formidable de deux cents hommes. Il n'en fallait pas tant pour déposséder tous les Rânâs des deux contrées. J'ai retrouvé à Atholi plusieurs descendants incontestables de ceux du Padar, aujourd'hui simples cultivateurs. Après l'annexion de cette contrée, Chatar Singh premier ou le *Grand,* pour consolider sa conquête, construisit sur la rive droite du Chinâb en face d'Atholi, dans une situation considérée comme inexpugnâble, entre le Chinâb et le Bhûtna, un fort qui fut appelé en souvenir de lui Chatargash. Au-dessus de ce fort naquit bientôt un village ou bourg du même nom, qui lui fut réuni par une enceinte continue de remparts.

Cette conquête microscopique dura plus longtemps que bien d'autres plus considérables. Cent quatre-vingts ans plus tard, vers 1830, Chatargash renfermait au moins cent quarante maisons, ce qui est bien quelque chose dans un semblable pays. Mais, en 1834, Gulab Singh, ou plutôt Zurawar Singh, son lieutenant, qui venait de s'emparer de Kishtwâr, envoya dans le Padar un détachement de pionniers dogrâs, pour ouvrir une route dans la montagne, afin de préparer les voies à la conquête projetée du Ladakh. Les gens de Chatargash, fidèles au raja de Chamba qu'ils considéraient comme leur souverain légitime, se saisissent de ces Dogrâs, et les expédient triomphalement dans le Chamba. Là régnait encore un Chatar Singh, mais dégénéré, et tremblant comme la feuille devant son puissant voisin le raja de Jummoo, auquel il s'empressa de renvoyer les prisonniers avec force excuses. Mais Gulab et son lieutenant furent inflexibles : ils avaient juré de faire un exemple des *rebelles* de Chatargash. Dès que les chemins redevinrent praticables, Zurawar se jeta sur le Padar avec trois mille hommes.

Il y rencontra plus de résistance qu'il n'avait

pensé. Ces Souliotes hindous, réduits à leurs seules forces, agirent en gens de cœur. Ils avaient rompu le pont du Chinâb, et, derrière ce fossé infranchissable, narguaient la fureur du général dogrâ. Celui-ci resta deux mois occupé autour de cette bicoque! Il avait installé, sur la rive en face, une batterie qui détruisit la plus grande partie du bourg, mais sans résultat décisif. Enfin, les autres habitants du pays, qui n'avaient pas pris part aux hostilités, et probablement s'ennuyaient d'avoir si longtemps les Dogrâs chez eux, leur indiquèrent un endroit à quelques milles au-dessous de Chatargash qui n'était pas gardé, et où l'on pouvait tenter le passage. Les Dogrâs parvinrent en effet à franchir le Chinâb au moyen de cordes. Une fois parvenus sur la rive droite, ils se saisirent du pont sur le Bhutnâ que les assiégés avaient négligé de rompre, et les prirent à revers. Le fort et le bourg furent enlevés d'assaut et ruinés de fond en comble. Zurawar Singh, qui certainement n'avait jamais lu les *Commentaires* de César, agit comme le conquérant des Gaules après la prise d'Uxellodunum : il fit pendre une partie des assiégés et mutiler le reste. Il n'épargna qu'un seul homme, un thakar (cultivateur) nommé

Ratanû, celui-là précisément qui avait été l'instigateur de la résistance. Ce patriote fut envoyé à Jummoo, où il s'attendait à périr dans d'effroyables supplices. Gulab Singh crut devoir user de clémence ; après avoir retenu Ratanû prisonnier pendant trois ou quatre ans, il le renvoya libre, lui permit de demeurer à Kishtwâr, et lui donna même quelques terres pour subsister avec sa famille. Mais, peu de temps après, Ratanû se fit encore une mauvaise affaire par son *loyalisme* incorrigible. A la mort de son ancien maître, le raja de Chamba, dont pourtant il n'avait eu guère à se louer, il se rasa, ce que ne font les Hindous qu'à l'occasion du décès de leur souverain légitime. Par ce témoignage public de deuil, il semblait encore protester contre l'invasion de son pays. Aussi il fut derechef appréhendé au corps et reconduit à Jummoo. Mais le maharaja admira son courage, et jugea qu'il était d'une bonne politique de pardonner encore. Cette obstination dans la clémence fait honneur au caractère de Gulab Singh.

Depuis la catastrophe de Chatargash, « l'ordre règne » dans le Padar. Une garnison de vingt-deux hommes, qui occupe un petit fort construit près d'Atholi, suffit pour maintenir toute la contrée dans l'obéissance.

Parvenu à Atholi, au lieu de continuer par la vallée du Chinâb qui m'aurait conduit sur le territoire de Chamba où je n'avais que faire, je remontai celle du Bhutnâ, qui mène dans le district de Zanskar (Ladakh), par un col haut de cinq mille deux cent soixante mètres, que les Hindous nomment *Bardhâr,* et les Thibétains *Umasî Lâ.* On compte cent trente et un milles de Kishtwâr à *Padam,* chef-lieu du Zanskar, et deux cent quatre-vingt-dix-huit milles en tout jusqu'à Leh, capitale du Ladakh. Cette communication n'est praticable que pendant quatre ou cinq mois de l'année, et la seconde partie de la route, de Padam à Leh, n'est pas moins difficile que la première. C'est pourtant par ce chemin qu'a passé l'armée de Zurawar Singh, lors de la conquête du Ladakh (1840).

Je ne parlerai, pour le moment, que de la première section de cette route, celle qui aboutit au col d'Umasî Lâ.

La partie inférieure de cette gorge du Bhutnâ est encore admirablement boisée, en chênes, bouleaux, déodoras, pins argentés. On y rencontre aussi, de distance en distance, de petits groupes d'habitations, et même des noyers, dont les fruits, il est vrai, mûrissent difficilement. Les déodoras finissent à neuf mille huit cents pieds d'altitude, les pins vers douze mille. Les bouleaux persistent les derniers.

Le Bhutnâ est formé par deux torrents qui se réunissent au-dessous d'Hamurî, le dernier village considérable de la vallée, et y forment une série de cascades rebondissant de roche en roche, d'une hauteur totale de quinze cents pieds.

Ce village d'Hamurî, situé à huit mille huit cents pieds d'altitude, est célèbre par ses aventures. Je ne sais s'il existe dans le monde un autre lieu habité, dans une position aussi dangereuse. A quelques centaines de pieds au-dessus, le torrent tombe en cataracte, et forme une espèce de lac ou de réservoir supérieur suspendu en amont comme une menace permanente. Rien que dans ces vingt dernières années, le village a failli plusieurs fois être détruit, tantôt par des avalanches, tantôt par des inondations charriant d'énormes blocs de rochers. En 1857 notamment, il y eut une crue si forte, que tous les habitants se sauvèrent. Mais les eaux se frayèrent un passage en aval : cette fois encore on en fut quitte pour la peur.

Quelques années après, Hamurî disparut sous une avalanche. La population des villages d'en dessous accourut au secours et déterra les habitants qui n'avaient pas eu le temps d'être suffoqués. Il était même né sous la neige un enfant qui vécut. Peu de temps après, comme si la montagne en courroux eût voulu essayer successivement toutes ses armes contre ces infortunés, une secousse de tremblement de terre bouleversa leurs maigres cultures et effondra quelques maisons, qui par bonheur se trouvèrent vides. Cette fois, les habitants ont quitté la place, obtenu une réduction de taxes, et rebâti leur village dans un endroit plus élevé et qu'ils croient plus sûr. Ils sont moins misérables qu'on ne pourrait croire, et font même quelques bénéfices en servant de guides et de portefaix aux voyageurs qui montent au col d'Umasî-Lâ. Mais je crains bien qu'ils ne finissent dans quelque cataclysme.

Ce n'est pourtant pas le dernier endroit habité qu'on rencontre dans cette ascension. A trois cents mètres en amont d'Hamurî se trouve un hameau nommé *Machel*, dont la population est thibétaine en partie; et au-dessus encore, à trois mille trois cent cinquante mètres d'altitude, une maison isolée nommée *Sunjam*. Cette famille est bloquée pendant sept mois de l'année par la neige ; quand j'arrivai à Sunjam, le 7 juin, il n'y avait pas plus d'un mois que ces pauvres gens pouvaient sortir de chez eux. Pourtant, à cette hauteur, ils élèvent encore des moutons, cultivent de l'orge, du sarrasin, des pois; ils sèment même du blé, mais il mûrit rarement. Parfois, dans les hivers précoces, toutes leurs récoltes manquent à la fois, et ils sont forcés de descendre jusqu'à Kishtwâr, pour échanger leurs bestiaux contre du grain. Au delà de ce point jusqu'au col d'Umasî-Lâ, et bien loin sur l'autre revers, pendant un trajet total d'environ cinquante milles, on ne voit plus que rocs décharnés, précipices, glaciers et neiges éternelles.

Sauf trois ou quatre petites colonies cachemiriennes, et les quelques Thibétains de Machel, la population de cette partie nord-est du gouvernement de Jummoo (district d'Udampur) appartient à la race *Paharí*, d'origine aryenne comme les Dogrâs, dont elle diffère toutefois par le langage, le costume et par quelques détails de conformation physique, notamment par la forme du nez, plus particulièrement crochu chez les Paharîs.

A l'exception de ceux des habitants de Kishtwâr qui ont embrassé l'islamisme à la fin du dix-septième siècle, les Paharîs suivent la religion hindoue. Les habitants du Padar sont particulièrement dévots aux *nag-devtas*, ou dieux-serpents.

Les montagnes limitrophes du district d'Udampur et du Chamba sont habitées par des *Gaddis*, familles de pasteurs qui semblent une sous-variété des Paharîs. Ils se distinguent par une physionomie plus accentuée et par quelques parties du costume, notamment par la singulière forme de leur coiffure, qui, comme on le voit par la figure ci-jointe, participe de la casquette et du bonnet de coton [1].

[1] M. Drew a reconnu quatre principaux dialectes distincts, parmi les hindous de cette race Paharî. Ces dialectes sont ceux des habitants de Ramban, de Bhadarwah, du Padar et de Kishtwâr. D'après l'indication qu'il donne des mots les plus usuels dans ces quatre dialectes, on voit que celui des Kishtwâr se rapproche beaucoup plus du langage cachemirien, et les trois autres de celui des Dogrâs et des Chibhalis.

BNF

MONTAGNARDS GADDIS

(Frontière des États de Jummoo et de Cachemire.)

(P. 120.)

DEUXIÈME PARTIE

LA VALLÉE DE CACHEMIRE.

XII

Historique et aspect général.

L'histoire des contrées trop belles ressemble à celle des trop belles reines ; les convoitises qu'elles provoquent leur sont presque toujours fatales. Ainsi, l'Italie et la vallée de Cachemire, cette Italie asiatique, n'ont pas été plus heureuses que Marie Stuart et Marie-Antoinette.

Au commencement du quatorzième siècle, le Cachemire, encore indépendant, fut le théâtre d'une lutte religieuse et politique, qui se termina par le triomphe de l'islamisme. Ce fut un certain Shâh Mîr (probablement d'origine persane), mahométan, qui détrôna le prince hindou dont il était le ministre, et régna à sa place sous le nom de Shams-uddîn. Pendant deux siècles et demi, le Cachemire demeura indépendant sous sa nouvelle dynastie mahométane. L'un de ces princes, Sikandor, surnommé *Butshikan* (l'iconoclaste), dont l'avénement date de 1396, se signala, comme son surnom l'indique, par la destruction impitoyable d'idoles et de temples de l'ancien culte. Un autre, *Zainulab-uddîn* ou Bar Shâh, le Salomon cachemirien, a laissé de meilleurs souvenirs. Il construisit un grand nombre de beaux édifices, dont plusieurs subsistent encore.

En 1588, le Cachemire fut livré à l'empereur mogol Akbar par un dernier prince qui, loin de défendre ses États contre le conquérant, lui en facilita l'accès. A partir de cette époque, ce pays perdit définitivement son autonomie; il devint et resta, pendant plus d'un siècle, le *Sanitarium* favori des Grands Mogols : Akbar, Jehan-Guir, Shah Jehan, Aureng Zeb. Cette période de tranquillité finit à la mort de ce dernier, qui avait comblé la mesure de la puissance et des crimes de sa race. Le Cachemire subit le contre-coup de la décadence si rapide de cet Empire. Envahi en 1752 par ses farouches voisins du Caboul, les Afghans, il ne fut arraché qu'en 1819 à la domination de ces maîtres impitoyables, par le fondateur du puissant et éphémère empire des Sikhs, Runjit Singh.

Depuis 1819, onze gouverneurs sikhs se succédèrent dans le Cachemire jusqu'en 1846, époque où le gouvernement britannique se fit céder cette contrée, pour la rétrocéder aussitôt à Gulab Singh par le traité d'Amrîtsir (Uḿritsur). L'exécution de cette clause rencontra de graves difficultés. Le dernier gouverneur sikh, Imâm-ud-dîn, appartenait au parti ennemi des Anglais. Il battit les troupes envoyées par Gulab pour prendre possession, et les bloqua dans le fort d'Hari Parbat, bâti sur une hauteur près de Sirinagar. Gulab Singh s'empressa de requérir du gouvernement britannique le secours stipulé par l'article 9 du traité, et les troupes anglaises s'avancèrent jusqu'à Bhimbar, mais elles n'eurent pas besoin d'aller plus loin. Grâce à l'intervention diplomatique du colonel Lawrence auprès du gouverneur sikh, l'affaire s'arrangea à l'amiable.

C'est ainsi que ce « poétique royaume », comme l'appelait Bernier, fait aujourd'hui partie des États de Ranbîr Singh. Par un étrange caprice du sort, les Cachemiriens, convertis pour la plupart à l'islamisme, depuis plus de cinq siècles, ont donc fini par retomber sous la domination de princes hindous.

La vallée de Cachemire proprement dite est toujours, comme au dix-septième siècle, le plus beau et le plus grand jardin paysager du monde: un parc de trente lieues de long sur dix à douze de large. Tout y semble calculé avec un art surhumain pour le plaisir des yeux ; cultures, habitations, rivières et lacs parsemés d'îles verdoyantes et fleuries, sillonnés d'embarcations de formes et de dimensions variées, que guident des *hanjis* (bateliers), dont les physionomies intelligentes, les formes sculpturales et le costume s'harmonisent au mieux avec cette nature enchanteresse : ruisseaux et canaux innombrables, décrivant de capricieux détours parmi les rizières et les pelouses, et faisant reluire de toutes parts au soleil, comme des rubans moirés d'argent, leurs ondes limpides et rapides. (V. le *Frontispice*.)

Dans la vallée de Cachemire, comme à Venise, l'eau est le principal et presque le seul moyen de communication. Ainsi s'explique cette multiplicité d'embarcations de forme et de grandeur diverses, qui circulent incessamment sur les rivières, les canaux et les lacs.

En voici la nomenclature complète :

Le *bangla*, la plus grande de toutes, est une véritable maison flottante, à l'usage du souverain et du gouverneur son représentant. Le *parinda* est encore un bateau considérable, avec plate-forme et cabine à l'avant, et ne sert aussi que pour des personnages d'importance. Ces grandes embarcations exigent pour le moins vingt rameurs.

Viennent ensuite, par rang de taille, les *bahts*, les *dungas*, les *skîrarîs*, les *bandugîr*. Le bahts est employé pour le transport des céréales; le dungas, pour celui des marchandises moins encombrantes et des passagers. C'est de ce genre de bateau que les touristes font le plus fréquent usage pour les plus grandes excursions en amont et en aval de Sirinagar; on peut y passer très-confortablement la nuit. Les skîrarîs sont des embarcations légères à six rameurs, pour les promenades de jour. Le bandugîr est le plus petit de tous ces bateaux; on s'en sert pour chasser la sauvagine sur les lacs.

Le *touage* à la corde ou à la chaîne, cette ingénieuse invention d'origine française, est aujourd'hui d'un usage général dans le Cachemire, pour les transports de marchandises et de denrées [1].

Le plus grand attrait de cette région féerique, c'est l'heureuse disposition du gigantesque amphithéâtre de montagnes qui l'encadre, en formant autour d'elle un ovale allongé. Sous ce rapport, elle l'emporte même sur le célèbre bassin de Mexico. Dans la plupart des vallées ainsi entourées de hautes cimes, celles-ci sont souvent disposées de telle façon, que l'effet des plus élevées est compromis par l'interposition de crêtes plus rapprochées qui semblent les dépasser, quoique très-inférieures en réalité. Cette illusion d'optique, bien connue de tous ceux qui ont voyagé dans des pays très-accidentés, a suggéré au célèbre écrivain allemand Jean-Paul Richter une de ses comparaisons les plus ingénieuses. « C'est ainsi, dit-il, que parmi leurs contemporains, la colline verdoyante du talent éclipse l'Alpe nue du génie. » Rien de pareil au Cachemire; tout y semble prévu, calculé, pour produire le meilleur effet, la transition graduelle du gracieux au grandiose, du grandiose au ter-

[1] V. notre *Étude sur Pierre Latour du Moulin*, inventeur du touage à vapeur. (Hachette.)

rible. Au-dessus des premières ondulations encore couvertes d'habitations et de vergers, où l'on retrouve tous nos arbres à fruits d'Europe, s'élèvent les collines à pâturages, où circulent d'innombrables bestiaux, notamment les chèvres dont le poil sert à la fabrication de ces *Cachemires,* si fameux dans les annales de la mode; puis, au-dessus de ces premières hauteurs, la chaîne des hautes collines boisées, dominée à son tour par une et souvent plusieurs enceintes de montagnes plus hautes, au-dessus desquelles surgissent, çà et là, les sommets appartenant à la région des neiges éternelles. Ces géants ont des sourires pour l'heureuse vallée! On dirait que c'est à son intention, pour donner plus de caractère et d'attrait au paysage, que leurs cimes, leurs glaciers, illuminés par le soleil, se colorent des plus riches teintes de l'arc-en-ciel. C'est ainsi que les despotes mogols, si féroces ailleurs, semblaient s'humaniser pendant leur villégiature en Cachemire. Ces tyrans avaient, comme Néron, des aspirations artistiques. Épris de ce beau pays, ils mettaient leur amour-propre à l'embellir encore, en bâtissant des palais, des mosquées, disposant des terrasses ou plantant des parcs dans les sites les plus pittoresques; payant libéralement des poëtes pour chanter les délices de ce séjour. Heureux s'ils n'avaient jamais eu d'autres fantaisies [1] !

[1] « Il n'y a pas de pays au monde, dit Bernier, qui renferme autant de beautés dans une si petite étendue. Ce n'est pas sans raison que les Mogols lui donnent le nom de paradis terrestre des Indes, et que l'empereur Akhbar employa tant d'efforts pour l'enlever à ses rois naturels. Jehan-Guir, son fils et son successeur, prit tant de goût pour cette belle portion de la terre, qu'il ne pouvait en sortir, et qu'il déclarait quelquefois que la perte de sa couronne le toucherait moins que celle du Cachemire. Aussi, lorsque nous y fûmes arrivés, tous les *beaux esprits mogols* s'efforcèrent d'en célébrer les agréments par diverses pièces de poésie, et les présentaient à l'Empereur, qui les récompensait noblement. »

XIII

Sirinagar. — Les palais mogols.

Sirinagar est l'ancien nom hindou de la capitale du Cachemire; elle l'a repris depuis la conquête des Sikhs (1819). Bernier, et après lui Forster, en 1783, ne la désignaient que sous la dénomination de *Cachemire*, qu'elle a portée pendant toute la période de la domination musulmane.

L'aspect général de cette cité de chalets n'a pas sensiblement changé depuis le dix-septième siècle. Bien que la pierre ne manque pas dans le pays, on continue de préférer, pour les constructions, le bois de cèdre qui abonde sur les pentes voisines, et qui revient à très-bon marché, à cause de la facilité du transport par le flottage. D'ailleurs, le danger d'incendie est presque nul, dans un pays aussi copieusement arrosé.

Le Jhélam, large en cet endroit comme la

Seine à Paris, coupe la ville en deux parties inégales, reliées ensemble aujourd'hui par sept ponts (il n'y en avait que deux du temps de Bernier). La partie la plus considérable, celle qui est située sur la rive droite, confine à un petit lac d'environ cinq lieues de tour. « La beauté de ce lac est augmentée par un grand nombre de petites îles, qui forment autant de jardins remplis d'arbres fruitiers et bordées de trembles à larges feuilles (ypréaux), dont les plus gros ne peuvent être embrassés par un homme, mais tous d'une hauteur extraordinaire, avec un seul bouquet de branches au sommet. » Cette description du lac *Dal*, vieille de deux siècles, semble écrite d'hier.

Ce lac, alimenté par de nombreux cours d'eau, dont le principal est le *Scind*, communique avec le Jhélam par un canal navigable, qui s'y décharge au-dessous de la ville. Presque en face de ce canal débouche le *Dugganga*, rivière d'un parcours peu étendu, mais d'un volume considérable, formée de l'afflux d'une foule de ruisseaux qui descendent des monts Panjal. C'est beaucoup d'eau pour une ville de 130,000 âmes, mais en est-il jamais assez pour des touristes qui arrivent des plaines calcinées du Panjâb?

Encadré de toutes parts, sauf du côté de la ville, dans des collines couvertes de bois, de vergers, de prairies et de chalets, le lac Dal est aujourd'hui, comme autrefois, la promenade favorite des citadins.

Vue du lac ou de la rivière, Sirinagar plaît surtout par l'irrégularité capricieuse des maisons du bord de l'eau, tantôt placées en saillie sur pilotis, tantôt en retrait, coquettement dissimulées sous la verdure. (V. au *Frontispice*.) Nos dessinateurs de Paris trouveraient là de charmants modèles de *fabriques*, vérandas, lanternes à pans coupés, tourelles, etc. Au reste, les habitations des plus humbles villages de cette vallée, couvertes en chaume ou en bois, comme celles du Jura, ont un caractère pittoresque. Elles se composent d'un rez-de-chaussée qui sert d'étable l'hiver, et d'un étage supérieur avec balcon et pilastres.

La situation de Sirinagar offre une ressemblance singulière, non remarquée jusqu'ici, avec celle de Sion, dans la vallée du Rhône. Elle est placée de même au milieu d'un amphithéâtre de montagnes, et flanquée de deux collines isolées, dont les sommets sont couronnés de fortifications et d'édifices religieux. On aperçoit de très-loin ces deux hauteurs, *Takht* et *Harî-Parbat*, quand on arrive par le Pir-Panjal. Sur la première, on remarque une mosquée qui existait déjà du temps de Bernier, mais on n'aperçoit plus aucun vestige d'un très-ancien temple hindou, qui s'y trouvait encore de son temps, et dont les habitants attribuaient la construction à Salomon. Quant à Harî-Parbat, dont le nom signifie *montagne de verdure*, son sommet portait, il y a deux siècles, une autre mosquée, « accompagnée d'un ermitage et de quantité de beaux arbres verts qui lui servaient comme de couronne ». Cette mosquée est aujourd'hui remplacée par un fort. Sur la pente de cette colline, qui regarde la rivière, on a construit de nombreux cottages pour les touristes anglais, au milieu d'une véritable forêt d'arbres à fruit (abricotiers, cerisiers, pommiers, etc.), qui leur promet une réserve intarissable de puddings.

Depuis la conquête des Sikhs, on a reconstruit quelques temples hindous, mais toutes les mosquées subsistent. La principale, Shah-Homadân (*voir la gravure*), avantageusement placée au bord du Jhélam, est un joli spécimen de l'architecture indigène, mais sans aucun caractère religieux. C'est un pavillon carré, avec portiques

BIBLIOTHÈQUE NATIONALE R.F.

MOSQUÉE SHAH-HAMADAN

(Sirinagar).

(P. 132.)

et balcons, surmonté d'un campanile à cinq pointes, dont une verticale et quatre disposées horizontalement; un charmant modèle de casino.

Le palais qui donne sur la rivière a subi des modifications importantes depuis un siècle. Il fait partie de la citadelle (*Sher Garhi*), qui comprend en outre un bazar indigène, les bureaux du gouvernement et les bazars européens. Ces annexes, construites par un architecte anglais, n'ont absolument rien d'artistique.

Il n'en est pas de même des palais de plaisance construits par les empereurs mogols sur les pentes des collines du lac Dal. Ce sont des parcs en terrasse avec pavillons, avenues, canaux, cascades et bassins, installés dans des endroits particulièrement remarquables par la beauté des points de vue et l'abondance des eaux; on n'avait que l'embarras du choix. Il y a *Nasîm Bagh*, le jardin des brises; *Nishât Bagh*, jardin d'allégresse; *Shâlâmar Bagh*, le jardin du Roi.

Nasîm Bagh, le plus ancien des trois, est peut-être celui qui produit le plus grand effet. C'est une série de terrasses reliées entre elles par de vastes escaliers, et plantées de platanes séculaires. L'étage le plus bas de ces terrasses est à une quarantaine de pieds au-dessus du lac. C'est là qu'il faut venir, au lever du soleil, pour bien apprécier l'heureux choix de cet emplacement. On aperçoit distinctement la plus belle partie de la vallée et de son encadrement de montagnes, reproduite avec toutes les nuances de couleurs et de lumières dans les eaux limpides du lac. C'est une des plus heureuses combinaisons de reflets qui aient été rencontrées jamais dans de telles œuvres. On croit reconnaître dans Nasîm Bagh une création d'Akhbar, le plus grand des princes de cette dynastie.

L'état actuel de dégradation et d'abandon de ce « jardin des brises » n'ôte rien à sa majesté, et lui prête peut-être un charme nouveau. Aujourd'hui, de profondes lézardes sillonnent les revêtements des terrasses, les degrés ont en partie disparu! Mais jamais les pelouses n'ont été si verdoyantes; les arbres, contemporains de la splendeur des souverains mogols, ont continué de prospérer depuis leur chute, et acquis des dimensions colossales.

Nîshât Bagh, le jardin d'allégresse, fut créé par Jehan-Guir, l'aïeul d'Aureng-Zeb. C'est un carré oblong, d'une superficie totale d'environ cinq mille cinq cents mètres, qui s'étend depuis la berge du lac jusqu'au pied d'une hauteur à pic. Il est divisé en cinq étages de terrasses ornées de fontaines dont les eaux viennent se déverser dans un canal central. Ce parc a conservé ses belles eaux, mais j'y ai cherché en vain les poissons familiers qu'on y voyait encore du temps de Bernier, ceux auxquels la belle Nourmahal, favorite de Jehan-Guir, avait fait passer dans les narines des anneaux d'or.

Le mieux conservé de ces jardins est le *Shâlâmar Bagh,* situé à la base d'un amphithéâtre de hauteurs boisées, qui s'élèvent graduellement jusqu'à la hauteur de quatorze mille pieds, entre la vallée du Jhélam et celle du Scind, et sont dominées par l'une des plus belles montagnes du Cachemire, le *Gwashbrari* (dix-sept mille huit cents pieds), cône sillonné de cannelures azurées, dont chacune renferme un petit glacier.

Shâlâmar Bagh, œuvre de l'infortuné Shah Jehan, le père d'Aureng-Zeb et sa victime, a été longuement décrit par Bernier, qui l'a vu dans le temps de sa plus grande splendeur, et l'appelle *Chélimir.* Il était plus magnifiquement décoré que le précédent, mais la vue y est moins belle. « On y entre par un grand canal bordé de gazons, long de cinq cents pas, entre deux belles allées de peupliers (platanes). Il conduit au pied d'un grand cabinet (bengalow), qui est au milieu du jardin, et là commence un autre canal, beaucoup plus magnifique, qui va jusqu'à l'extrémité de l'enceinte. Ce second canal est pavé de pierres de taille. Ses bords sont en talus, de la même pierre, et dans le milieu on voit (voyait) régner, de quinze à quinze pas, une longue file de jets d'eau, sans compter un grand nombre d'autres qui s'*élevaient,* de distance en distance, de diverses pièces d'eau rondes, dont il est bordé, comme d'autant de réservoirs. Il se termine au pied d'un *cabinet,* qui ressemble beaucoup au premier... »

Ce cabinet ou pavillon supérieur, construction quadrangulaire à comble en forme de dôme, est le plus riche et le mieux conservé. Il est composé d'une grande pièce centrale, avec quatre pièces plus petites dans les angles, avec de nombreuses traces de dorures et d'inscriptions, et percé de quatre portes, dont deux ouvrent sur des degrés aboutissant au canal, et les deux autres sur des ponts communiquant avec les avenues latérales. On y voit toujours les colonnes d'un marbre *fossilifère* très-précieux, noir et gris, déjà signalées par Bernier, et qui, suivant lui, provenaient d'un ancien temple hindou, démoli par Shah Jehan [1].

[1] Bernier parle aussi avec admiration d'un quatrième palais de plaisance remontant à l'époque des anciens rois indépendants du Cachemire, et qui se trouvait à cinq lieues de la capitale. La principale beauté de celui-là, qu'il nomme *Achiavel,* consistait en une source d'eau vive, si abondante qu'elle méritait plutôt le nom de rivière, « qui se dispersait autour du bâtiment et dans les jardins par un grand nombre de canaux, et formait une cascade très-large et très-haute, dont l'effet était encore plus admirable la nuit, lorsqu'on avait mis derrière cette nappe d'eau une infinité de lampions s'ajustant dans de petites niches pratiquées dans l'épaisseur du mur ». (T.)

XIV

La brèche de Baramula. — La table de pierre tournante. — Climat de la vallée.

L'ensemble de la vallée de Cachemire forme un ovale irrégulier, qui s'étend du nord-ouest au sud-est au milieu des montagnes. Sa plus grande longueur est d'environ quatre-vingt-quatre milles, sa largeur moyenne de vingt à vingt-cinq milles. La pente est fort douce dans presque tout ce parcours. Ainsi, à partir d'Ismaïlabad, localité située à trente milles en amont de Sirinagar, elle ne s'abaisse que de cent soixante-quinze pieds. Ismaïlabad est à cinq mille quatre cents pieds au-dessus du niveau de la mer; Sirinagar à cinq mille deux cent trente-cinq. De cette ville au lac Walar, à vingt-quatre milles en aval, la déclivité est encore plus insensible; la différence de niveau n'est que de cinquante-cinq pieds. Ceci explique la facilité exceptionnelle qu'offrent à la navigation et au touage les rivières, les canaux et les lacs dans cette vallée.

Le sol est composé en grande partie d'alluvions, ce qui explique sa fertilité merveilleuse. La culture la plus répandue dans les parties les plus basses de la vallée est celle du riz, favorisée par d'innombrables canaux d'irrigation, qui y forment une sorte de réseau très-serré. On réussit également, à force d'irrigations, à tirer parti de terrains d'une nature toute particulière, nommés *Karewas*, où la marne domine. Ces terrains, qui, sur plusieurs points, forment des espèces de terrasses ou de plateaux intermédiaires entre le fond de la vallée et les hauteurs, portent des traces non équivoques du passage des eaux. L'opinion la plus générale des géologues, conforme à la tradition populaire, est que cette vallée a formé jadis le fond d'un vaste lac, auquel un cataclysme préhistorique aurait ouvert un passage au nord-ouest, à travers les rochers de Baramula [1].

Quelques observations que j'ai faites semble-

[1] On lit dans l'*Abrégé de l'histoire des anciens rois de Cachemire*, fait par ordre de Jehan-Guir et que Bernier traduisit pour Daneck Mend-Khân, son patron, que tout ce pays n'était autrefois qu'un grand lac, et qu'un saint vieillard

raient indiquer une catastrophe plus récente, postérieure à l'époque où cette contrée était déjà habitée. Dans le *Manas-Bal*, le plus petit, mais le plus profond des trois lacs du Cachemire, on aperçoit à fleur d'eau des ruines submergées qui paraissent être celles d'un ancien temple. Dans un autre endroit, à quinze milles au-dessous de Sirinagar, on a trouvé, enfouis à une grande profondeur, des ruines et des fragments de poteries...

Dans tous les cas, il a fallu une terrible commotion pour ouvrir cette brèche, par laquelle le Jhélam se précipite dans une gorge profonde, resserrée entre la double chaîne des monts Gaj-Nag et Panjal. Ce fleuve, si pacifique dans le Cachemire, s'en dédommage bien à sa sortie. Il descend de deux mille huit cents pieds, c'est-à-dire en moyenne de trente-quatre pieds par mille, dans un parcours total de quatre-vingts milles, de Baramula à Mouzafarabad, où il entre dans le Panjâb en tournant brusquement au sud, après avoir reçu, du côté du nord, le Kishan-

nommé *Kacheb* obtint par ses prières l'ouverture miraculeuse de la brèche de Baramula, par laquelle les eaux s'écoulèrent. Suivant Bernier, qui croyait peu aux miracles, cette ouverture n'a pu être faite que par un tremblement de terre.

gangâ, affluent torrentiel presque aussi fort que lui.

Ce fut à Baramula que Bernier fut témoin d'un prétendu prodige, fort semblable aux histoires de tables tournantes dont on a tant parlé il y a quelques années.

Son patron mogol s'était mis en tête de le convertir à l'islamisme. « Va à Baramula, lui dit-il; tu y trouveras le tombeau d'un de nos Saints, où il se fait continuellement des guérisons miraculeuses. Tu y verras aussi une grosse pierre ronde, que l'homme le plus fort peut à peine soulever, et que onze mollahs enlèvent comme une paille du bout de leurs doigts, après avoir invoqué le saint... »

Bernier trouva, en effet, dans ce lieu force pèlerins qui se disaient malades. Mais il vit aussi, près de la mosquée où était le tombeau, de grandes chaudières pleines de viande et de riz qu'on distribuait à ces pèlerins, qui semblaient n'avoir apporté d'autre maladie à guérir qu'un appétit formidable...

Il vit ensuite les onze mollahs, formant un cercle bien serré, et vêtus de longues robes qui ne permettaient pas de voir comment ils touchaient la pierre, la soulever en effet, en assurant qu'ils ne la tenaient que du bout du doigt, et qu'elle leur semblait aussi légère qu'une plume. Mais Bernier, toujours incrédule, regardait de très-près, et voyait bien qu'ils se donnaient plus de peine qu'ils ne l'avouaient. Il crut même s'apercevoir qu'ils joignaient le pouce à l'autre doigt. Pourtant il n'osa se dispenser de crier *Karamet!* (miracle) avec toute l'assistance. Il donna ensuite une roupie aux mollahs, et, tout en affectant d'être persuadé de la réalité du miracle, il demanda une nouvelle expérience, et tint à être l'un des onze qui lèveraient la pierre. Ils n'y consentirent qu'avec une répugnance visible. Mais ils espérèrent sans doute qu'à dix ils auraient encore assez de force pour réitérer le prétendu miracle. Leur attente fut trompée, car la pierre, que Bernier ne touchait que du bout du doigt, pencha visiblement de son côté. Les assistants étaient loin de soupçonner la supercherie. C'était à l'intervention, à l'incrédulité du *Giaour* qu'on attribuait l'avortement du miracle, et Bernier vit le moment où l'on allait lui faire un mauvais parti. Il s'empressa donc de crier encore *Karamet!* réitéra son offrande et s'esquiva au plus vite.

Le Cachemire est au même degré de latitude

que Bagdad et Damas en Asie, que Fez en Afrique et que la Caroline du Sud dans le Nouveau Monde, mais jouit d'un climat plus tempéré qu'aucune de ces localités, grâce à sa situation bien plus élevée. Il y tombe de la neige à partir du mois de décembre, mais elle tient rarement, et cesse vers la fin de février. Le printemps y est généralement froid et pluvieux, bien qu'avec des variantes assez sensibles, suivant les localités. La vallée est complétement abritée par les monts Panjal de la mousson du sud-ouest, qui fait rage sur le revers opposé. L'été, qui commence vers la mi-mai, est plus chaud qu'en Angleterre et dans le nord de la France. Mais il paraît d'une fraîcheur délicieuse aux gens qui arrivent de l'Inde, et d'ailleurs les stations d'été (*summer retreats*) ne manquent pas dans la montagne. Il y a bien aussi, de temps à autre, quelques fièvres intermittentes, occasionnées par le mauvais air des rizières pendant les grandes chaleurs. Il ne servirait à rien non plus de nier l'humidité du climat, en présence des révélations indiscrètes des photographies, qui montrent une végétation vigoureuse de plantes pariétaires sur les toits des coquettes habitations de Sirinagar, et jusque sur celui de la mosquée de Shah-Hamadan.

Mais la vallée de Cachemire est comme la Célimène de Molière. « Sa grâce est la plus forte », malgré ses nombreux défauts !

XV

Les plus hautes montagnes du Cachemire. — Les pics jumeaux *Nun* et *Kun*. — Le *Nangâ Parbat*. — Les stations d'été (*Summer retreats*); Gulmarg, Lôlab, Tsirar.

Les sommets les plus hauts des monts Panjal et Kaj-Nag, qui encadrent la vallée de Cachemire à l'ouest, au sud et nord-ouest, ne dépassent guère notre mont Blanc. Un seul, du côté du nord, le mont *Haramuk*, visible de la plus grande partie de la vallée, s'élève à cinq mille cent mètres et reste toujours couvert de neige. Mais, dans les chaînes qui s'étendent vers l'est et le sud-est, entre le bassin du Jhélam et ceux du Chinâb et de l'Indus supérieur, on a reconnu des cimes de six mille mètres et davantage [1].

Les montagnes les plus élevées, dans cette direction, sont deux pics très-voisins l'un de l'au-

[1] Notamment les cinq pics de Brania. (Voir ci-dessus, chap. XI.)

tre, tous deux en forme de cône tronqué, dont l'un mesure vingt-trois mille deux cent soixante-quatre pieds, l'autre, vingt-trois mille quatre cent quarante-sept (7,080 et 7,150 mètres). Ces deux jumeaux, de taille si respectable, se nomment, l'un *Nun*, l'autre *Kun*. Ils s'élèvent directement à l'est de Sirinagar, à environ cinquante milles de distance, mais on ne peut les apercevoir de cette ville. La vue en est interceptée par une cime intermédiaire, placée juste dans le même axe (le mont *Kohenhar*, d'où sort le Marú Wardwan, qui va former la belle cascade de Kishtwâr). Mais j'ai pu admirer d'assez près (vingt milles de distance) ces deux montagnes jumelles, et même en prendre un croquis, du col de Morgan, au sud-est de Sirinagar. Le point culminant de ce col est à onze mille six cents pieds et encaissé entre des rochers qui en ont bien deux mille de plus. J'escaladai bravement une de ces falaises, d'où la vue est splendide. J'eus cette bonne fortune, que l'heure et l'état de l'atmosphère étaient en même temps des plus favorables. Aussi, après bien des années, les moindres détails de cet admirable panorama sont encore présents à ma mémoire. Le temps était si clair, que les cimes les plus lointaines me semblaient transparentes, tandis que les plus rapprochées m'apparaissaient teintées d'or et de pourpre [1].

Le plus beau panorama de tout le Cachemire est celui de *Gulmarg* dans les monts Panjal. De ce point, on aperçoit distinctement, à une distance de quatre-vingts milles dans le nord-ouest, par-dessus plusieurs étages de collines et de montagnes en amphithéâtre, une cime bien plus élevée que toutes celles que nous venons de décrire.

Ce pic géant entre les géants, le second pour la hauteur dans les États du Maharaja, et le quatrième dans le monde entier, est nommé par les Hindous *Nangâ Parbat*, et Diyamir par les habitants des villages situés à sa base, qui appartiennent à la race dârdi. Il s'élève à la hauteur absolue de vingt-six mille six cent dix-neuf pieds (un peu plus de 8,200 mètres), au-dessus de la vallée de l'Indus, sur la limite des États de Renbîr Singh et du Yaghistan [2].

[1] Il fallait que ce spectacle fût bien beau, en effet, pour émouvoir à ce point le savant ingénieur; car on doit être un peu blasé sur les horizons de montagnes et de glaciers, quand on a parcouru pendant dix ans, pour affaires de service, un territoire aussi accidenté que celui de S. H. Renbîr-Singh. (T.)

[2] Les trois plus hautes montagnes connues jusqu'ici sont :

Le général Cunnigham, auteur de l'*Histoire des Sikhs,* assure avoir aperçu le Nangâ Parbat d'une ville du Panjâb, qui en est éloignée d'au moins deux cent cinquante milles.

Ce vallon boisé de Gulmarg, situé à huit mille pieds d'altitude, est une des plus agréables « stations d'été » qu'on puisse recommander aux touristes pendant la saison des grandes chaleurs, c'est-à-dire depuis la mi-juin jusqu'à la mi-septembre. C'est un des principaux campements des tribus de *Gujars,* race singulière de pasteurs nomades, qu'on rencontre dans les montagnes limitrophes du Jummoo et du Cachemire, les monts Banîhal et Panjal. Sir G. Campbell, le savant ethnologue, croit les Gujars d'origine aryenne. Cependant, certains signes caractéristiques les distinguent profondément des autres habitants du pays. Ils sont très-grands,

1° le Gaurisankar ou mont Everest (huit mille huit cent quarante mètres); 2° un pic encore innomé dans le Karakoram, dont il sera question plus loin (huit mille six cent vingt-cinq mètres); 3° le Kinchinjunga (huit mille cinq cent quatre-vingt-huit mètres). La quatrième place était attribuée au Dawalagiri (huit mille cent quatre-vingts mètres); il en est dépossédé aujourd'hui par le Nangâ Parbat, qui le dépasse d'une trentaine de mètres. Il paraît même devoir céder la cinquième à une autre montagne du Karakoram, le mont *Gusherbrum.* (V. ci-après, chap. XXVI.)

très-maigres, ont le front étroit, le nez remarquablement crochu, très-peu de barbe, souvent pas du tout; se marient exclusivement entre eux, et parlent un dialecte très-curieux, dans lequel on retrouve, parmi beaucoup de termes appartenant aux dialectes dogrâs, paharis et cachemiriens, quelques mots usuels tout à fait différents, et qui semblent des restes d'un langage absolument perdu. La principale industrie de ces Gujars consiste dans la fabrication du *Ghî* ou beurre fondu et clarifié. Ils le font avec le lait de leurs buffles, et viennent le vendre aux populations sédentaires, avec lesquelles ils n'ont pas d'autre rapport.

Il y a plusieurs autres stations d'été, non moins intéressantes que Gulmarg. *Lolâb,* au nord-ouest du lac Walar, est un plateau de six milles de long sur trois de large, couvert d'arbres fruitiers et entouré de superbes futaies de conifères [1]. On y trouve plusieurs villages, aujour-

[1] Le lac Walar est le plus grand de la vallée. Sa longueur est de dix milles, sa largeur de six. Sa profondeur actuelle ne dépasse pas, en moyenne, quatorze pieds; elle était plus considérable autrefois. On y voyait, du temps de Bernier, une sorte d'île flottante artificielle avec pavillon et jardin, œuvre des anciens rois de Cachemire, dont il ne reste aucune trace aujourd'hui. (T.)

d'hui en grande partie abandonnés par suite de l'application d'un système d'impôt foncier très-onéreux. Cet état d'abandon contraste péniblement avec le charme de cette fraîche oasis.

Nous citerons encore *Tsirar,* à dix-sept milles au sud de Sirinagar. On y voit le tombeau d'un *saint* nommé Nûruddîn; c'est un lieu de pèlerinage très-fréquenté pendant les derniers mois de l'année. Les faquirs, gardiens de ce tombeau, ne font pas tourner de pierres, comme jadis ceux de Baramula, mais ils ne sont pas moins avides. Il y a là une sorte de foire où l'on vient acheter divers objets d'usage domestique ou de fantaisie, notamment des kangrîs (espèce de chaufferette portative que les Cachemiriens promènent presque toujours avec eux, et qui ressemble beaucoup à nos paniers à salade), des cuillers et autres bibelots en bois sculpté, des bracelets en verre coloré, etc. C'est surtout le jeudi et le vendredi que cette foire offre un coup d'œil pittoresque et animé.

On trouve aussi de charmantes retraites dans la région des sources de Jhélam et dans la vallée du Scind, dont nous parlerons plus au long en décrivant la route de Sirinagar à Leh, chef-lieu du Ladakh.

XVI

Habitants du Cachemire. — L'industrie de ce pays, il y a deux siècles et de nos jours. — Les *hônjîs* ou bateliers. — Les *bâtals* ou parias du Cachemire.

De toutes les races qui habitent les territoires du Maharaja, celle du Cachemire est incontestablement la plus belle, surtout dans les hautes classes, qui se conservent pures de tout mélange. Les hommes sont bien faits, robustes, d'une physionomie généralement agréable, et fort semblable à celle des Européens, sauf la couleur plus foncée du teint. Leur caractère ne mérite pas les mêmes éloges que leur physique. Ils sont plus subtils, plus intelligents que les Sikhs et même que les Dogrâs, leurs maîtres actuels. Mais on leur reproche d'être turbulents, querelleurs, hâbleurs, et d'un courage fort équivoque [1].

[1] Il est certain que le contingent cachemirien, envoyé en 1857 au siége de Delhi par Gulab Singh, sous le commandement de son fils, le Maharaja actuel, y fit assez triste figure. (V. VALBEZEN, t. I, p. 179.)

La plupart des Cachemiriens non musulmans sont des Pandits ou brachmans. Il paraît que lors de la grande révolution religieuse du quatorzième siècle, les brachmans, qui formaient la classe dirigeante, restèrent seuls fidèles au culte de leurs ancêtres; les autres castes qu'ils avaient dirigées jusque-là firent défection. C'est ce qui explique pourquoi les Hindous sont plus nombreux dans la seule ville de Sirinagar que dans tout le reste du pays.

A la différence des brachmans dogrâs, dont un grand nombre sont aujourd'hui cultivateurs, ceux du Cachemire dédaignent les métiers qui exigent un certain développement de force musculaire, et s'adonnent de préférence aux écritures. Aussi il y en a beaucoup parmi les employés de l'État, depuis que le Cachemire est retombé au pouvoir de leurs coreligionnaires. La population musulmane est, au contraire, peu satisfaite d'avoir un prince de la religion de la minorité, et se tient fort à l'écart.

Il est curieux de rapprocher de la situation actuelle le tableau tracé par Bernier de l'industrie cachemirienne au dix-septième siècle.

« Les Cachemiriens, disait-il, passent pour les plus spirituels et les plus fins de tous les peuples de

BRAHMANES CACHEMIRIENS.

(P. 154.)

l'Inde. Avec autant de dispositions que les Persans pour la poésie et pour les sciences, ils sont plus industrieux et plus amis du travail. Ils font des bois de lit, des cabinets, des écritoires, des cassettes, des cuillers, et diverses sortes d'autres petits ouvrages, que leur beauté fait rechercher des Indiens. Ils y appliquent un vernis qui leur est propre. On admire particulièrement leur adresse à suivre ou contrefaire les veines d'un certain bois, qui les a très-belles, en y appliquant des filets d'or.

« Mais rien ne leur est si particulier, et ne leur attire tant d'argent par le commerce, qu'une espèce d'étoffe à laquelle ils occupent jusqu'à leurs petits enfants. On les nomme *châles*. Ce sont des pièces d'une aune et demie de long sur une de large, qui sont brodées au métier par les deux bouts. Les Mogols et la plupart des Indiens de l'un et de l'autre sexe les portent en hiver sur leur tête, repassées, comme un manteau, par-dessus l'épaule gauche.

« On en distingue deux sortes : les unes de laine du pays, qui est plus fine que celle d'Espagne ; les autres d'une laine, ou plutôt d'un poil qu'on nomme *touz*, et qui se prend sur la poitrine des chèvres sauvages du grand Thibet.

Les Omrahs en font faire exprès, qui coûtent jusqu'à cent cinquante roupies, au lieu que les plus belles laines du pays ne passent jamais cinquante. On fabrique aussi de ces châles à Patna, Agra et Lahore, mais ils n'ont ni la souplesse, ni la beauté de ceux de Cachemire. Cette différence est attribuée à l'eau du pays... »

L'industrie de la sculpture et de l'incrustation est aujourd'hui en pleine décadence. Il y a encore à Sirinagar des orfévres et des peintres sur laque, qui font de fort jolies choses. La teinture et le tissage des fameux châles, si recherchés en Europe, et notamment en France, pendant la première moitié de notre siècle, occupent encore de nombreux ouvriers, quoique l'exportation de cet article ait sensiblement diminué dans ces dernières années [1].

Cette industrie est singulièrement malsaine : les ouvriers sont parqués toute la journée dans des ateliers mal aérés où l'on ne peut se tenir debout. Aussi on les reconnaît, comme trop

[1] On voit, dans le tableau général des importations et exportations dans les États de S. H. Ranbîr-Singh, pour l'année 1873, qu'il y a eu, pour la province de Cachemire, une diminution de 94,388 livres sterling sur le chiffre correspondant de l'exportation pendant l'année précédente. Tels sont les caprices de la mode.

HANJIS

(Bateliers cachemiriens).

(P. 157.)

souvent nos filateurs de coton, à leur tournure grêle et à leur face maladive.

La classe des *Hânjîs* (bateliers ou mariniers) est naturellement celle avec laquelle les touristes sont le plus fréquemment en rapport. Ce sont peut-être les meilleurs des Cachemiriens : leur caractère offre une certaine analogie avec celui des gondoliers de Venise. C'est le même entrain, la même vivacité, la même mobilité d'imagination. S'ils ne chantent pas de barcarolles sur leurs nacelles, ils ne sont jamais à court de vieilles histoires du pays pour amuser leurs passagers : au besoin ils ne se font pas faute d'en inventer. L'habitude des travaux de la navigation développe leurs muscles, et les rend plus vigoureux que les gens des classes supérieures. Mais ils n'en sont pas plus braves, et perdent absolument la tête quand ils sont pris par quelque bourrasque sur un de leurs lacs, ce qui est heureusement assez rare. Ils se servent d'une espèce de pagaie, en forme de cœur, qu'ils manœuvrent, en temps de calme, avec une adresse extraordinaire. Dans les opérations de touage, les femmes et les enfants mettent la main à l'œuvre.

Le Cachemire a aussi sa caste de réprouvés.

Ses *Bâtals* sont l'équivalent des *Dûms* chez les Dogrâs et les Dârdis, des *Mârâsis* dans le Panjab, des *Bems* dans le Ladakh, etc. Ces Bâtals n'exercent de même que les métiers les plus vils, comme ceux d'équarrisseurs, d'écorcheurs, etc. Il y a encore des degrés dans cet opprobre, des catégories parmi ces misérables. Les uns sont musulmans et considérés comme tels par leurs coreligionnaires; les autres, rebutés des mahométans comme des Hindous, ne pratiquent aucune religion et vivent dans le dernier avilissement, réduits à se nourrir de la chair des animaux morts de maladie. Cette terreur, ce dégoût traditionnels, persistant longtemps après que la cause en est oubliée, rappellent la situation toute pareille, au moyen âge, des *caqueux*, *cacous* ou *caquins* en Bretagne, des *agots* ou *cagots* en Béarn, etc. [1].

Pendant mon séjour dans ces contrées, je n'ai négligé aucune occasion d'étudier ces divers types de réprouvés, et j'ai reconnu qu'ils dif-

1 Tous ces mots dérivent du mot celtique *cacodd*, lèpre. On croit généralement aujourd'hui que la plupart de ces parias descendaient en effet d'individus atteints de lèpre *blanche*, la variété la plus bénigne de cette terrible maladie. (Voir les *Parias français et espagnols*, par M. DE ROCHAS, Hachette.)

fèrent essentiellement des autres habitants par la physionomie et la complexion, et qu'au contraire ils se ressemblent beaucoup entre eux. Aussi j'incline de plus en plus à penser que Bâtals, Dûms et autres, doivent provenir plus ou moins directement d'une race aborigène dépossédée et détruite par les Aryens conquérants.

C'est parmi ces individus qu'on recrute les musiciens, les danseurs des deux sexes. Les danseuses, qui figurent dans toutes les fêtes publiques, appartiennent à ces castes de rebut; et ces femmes, naturellement exemptes de toute espèce de préjugés, sont aussi les seules de ce pays dont on ait pu se procurer jusqu'ici des photographies. Il faut donc bien se garder de juger, d'après ces créatures, du physique ni du moral des Cachemiriennes véritables, comme l'ont fait quelques voyageurs superficiels [1].

[1] Il y a pourtant de fort jolies femmes parmi ces danseuses, si l'on en juge par une gravure anglaise, représentant un divertissement offert par Renbîr-Singh au prince de Galles à Jummoo en 1875. Cette gravure fort curieuse est reproduite dans l'intéressant recueil français intitulé : *Sur terre et sur mer* (G. DECAUX), t. I, p. 343. Mais on pense bien qu'en pareille circonstance, le Maharaja n'aura pas manqué d'exhiber l'élite de son corps de ballet. On voit dans la relation du voyage du prince de Galles que les danseuses cachemiriennes, munies de baguettes simulant des armes, exécutèrent une sorte de danse guerrière dont tous les Anglais furent charmés.

XVII

Les Cachemiriennes d'autrefois et celles d'aujourd'hui. — Différences radicales entre certains termes des dialectes dogrâs, cachemiriens, etc.

Bernier fait un grand éloge de la beauté des Cachemiriennes de son temps, non-seulement de celles du menu peuple, qui allaïent librement le visage découvert, mais des autres, dont il avait pu voir quelques-unes de très-près. La présence du Grand Mogol et de sa cour à Cachemire (Sirinagar) lui donnait, pour ce genre délicat d'investigations, des facilités exceptionnelles qu'il n'avait garde de négliger. Il avait obtenu d'abord des résultats assez satisfaisants, en suivant les éléphants impériaux que l'on promenait par la ville. Le bruit de leurs sonnettes d'argent ne manquait jamais d'attirer aux fenêtres quelques belles curieuses. Mais il fit ensuite usage d'un autre artifice, qui lui réussit encore mieux. « Cet artifice, dit-il, était de l'invention d'un vieux maître d'école, que j'avais pris pour m'aider à entendre un poëte persan. Il me fit acheter quantité de sucreries, et comme il était connu et qu'il avait l'entrée partout, il me mena dans plus de quinze maisons, disant que j'étais son parent, nouveau venu de Perse, et que j'étais riche et à marier. Aussitôt que nous entrions dans une maison, il distribuait mes confitures aux enfants, et incontinent tout accourait autour de nous, femmes et filles, pour en attraper leur part, ou pour se faire voir. Cette folle curiosité ne laissa pas de me coûter quelques bonnes roupies, mais aussi je ne doutai plus que dans Cachemire il n'y eût d'aussi beaux visages que dans le reste de l'Europe. »

De tels « artifices », praticables à cette époque pendant le séjour d'une cour musulmane, ne seraient plus de mise aujourd'hui à Sirinagar. Les Cachemiriennes mahométanes sortent si rarement et toujours si bien voilées, qu'il est impossible d'en rien apercevoir. Je ne puis donc parler, *de visu,* que des femmes de Hânjîs, qui vont toujours à visage découvert, et de quelques femmes de Pandits ou Brahmans. Les premières sont remarquablement jolies dans l'enfance; mais, associées de bonne heure aux travaux de leurs maris, vivant presque toujours au grand air, elles se hâlent et se fanent très-vite. Cependant, elles ont presque toujours une physionomie avenante. Les quelques jeunes femmes de Brahmans que j'ai pu voir avaient les yeux, les cheveux et les sourcils d'un noir de jais, le nez aquilin, le teint pâle, tirant un peu sur le jaune, mais la taille moins fine et les mains moins mignonnes que les femmes de certaines provinces de l'Hindoustan.

Le costume des jeunes filles diffère sensiblement de celui des femmes mariées. Elles portent une sorte de pardessus très-ample, non ajusté, et attaché par des cordons et des glands. Les femmes se reconnaissent à leur capeline rouge, à laquelle est adaptée une sorte de mantelet d'étoffe blanche, et à leur longue robe avec ceinture.

La comparaison de la langue cachemirienne avec celle des Dogrâs et les autres dialectes parlés dans les États de Ranbîr-Singh peut donner lieu à des remarques et à des inductions philologiques d'un grand intérêt. Nous n'indiquerons ici que les principales.

Le cachemirien présente des analogies curieuses avec le sanscrit; mais la plupart des mots las plus usuels diffèrent absolument de ceux de la langue des Dogrâs, ou n'offrent avec eux qu'une ressemblance vague et lointaine. On en jugera par la nomenclature qui suit :

Homme	(dogrâ)	*Admi,*	(cachemirien)	*Manyu.*
Femme,	—	*Janâni,*	—	*Zenân.*
Veuve,	—	*Istrî,*	—	*Kulai.*
Fils,	—	*Putar,*	—	*Nichû* ou *Gubar.*
Fille,	—	*Dhî,*	—	*Kor* ou *Kâr.*
Dieu,	—	*Parmeshwar,*	—	*Khudâ.*
Soleil,	—	*Suraj,*	—	*Axhtâb.*
Lune,	—	*Chand,*	—	*Zûn.*
Astre,	—	*Târâ,*	—	*Târak.*
Feu,	—	*Ag,*	—	*Nâr.*
Eau,	—	*Jal,*	—	*Ab.*
Maison,	—	*Ghar,*	—	*Ghor.*
Cheval,	—	*Ghorâ,*	—	*Gour.*
Chien,	—	*Kuttâ,*	—	*Hûn.*(*Hunden* allemand.)
Père,	—	*Pyû,*	—	*Bâbâ* ou *papâ.*
Pied,	—	*Pair,*	—	*Khor.*

Main, *Hath,* dans les deux langues.

C'est un des rares exemples d'identité absolue. J'en ai rencontré quelques autres dans certains chiffres de numération : *tre* (trois) ; *sat* (sept), et dans le pronom *we* (nous).

On peut citer encore comme exemples de différences radicales : tête, qui se dit : *sir* en dogrâ, *kal* en cachemirien ; langue, (dogrâ) *jib,* (cachemirien) *zeo;* fer, (dogrâ) *johâ,* (cachemirien) *shistar;* neige, (dogrâ) *barf,* (cachemirien) *shin;* glace, (dogrâ) *kakav,* (cachemirien) *yakh,* etc.

Il en résulte que les Dogrâs et les Cachemiriens ne s'entendent guère mieux que naguère les Français et les Bretons *bretonnants*. De plus, le cachemirien, considéré aujourd'hui comme patois, est banni des actes officiels et administratifs. On ne le parle pas dans les audiences du Maharaja; les fonctionnaires public du Cachemire, pris parmi les Dogrâs, qui jouissent exclusivement de la confiance du souverain, ne communiquent, le plus souvent, avec leurs administrés que par interprètes. Ce n'est pas le moyen de faire de bonne administration, ni de préparer la fusion et la réconciliation de races aussi antipathiques de mœurs et de religion que de langage.

Le dialecte chibhâlî et les différents dialectes paharîs ne s'écrivent pas. Le premier semble une dérivation du dogrâ; les autres, surtout celui des habitants de Kisthwar, ressemblent au cachemirien. Mais on trouve aussi, çà et là, dans ces dialectes, certains mots tout différents, épaves de peuples détruits, de langues perdues. Ainsi, le soleil, nommé *sûraj* par les Dogrâs, *akhtâb* en Cachemire, est appelé *dí* ou *dis* par les Chibhâlis et quelques peuplades paharis. Femme, qui s'exprime en dogrâ et en cachemirien par deux mots assez rapprochés d'origine, *janânî* et *zenân*, devient *trimât* chez les Chibhâlis, *kwansh* à Bhadarwah, *gîûn* dans le Padar. L'eau, que les Dogrâs nomment *jal*, les Cachemiriens *ab*, les Dârds, leurs voisins, *woî* ou *wuâ*, est appelée *pânî* par les Chibhâlis et les Paharis.

Ces divergences radicales dans l'expression d'un objet aussi usuel, chez des peuples si voisins, font pressentir bien des mystères historiques et préhistoriques [1].

[1] Comme nous l'avons déjà dit, la petite tribu des *Gujars*, qui erre dans les montagnes entre le Jummoo et le Cachemire, ne ressemble physiquement à aucune des populations sédentaires de ces territoires, et l'on rencontre aussi dans son langage quelques mots tout à fait particuliers : par exemple, *âlî*, mère (au lieu de *mâî*, *mâ* ou *iya*) ; *gadara* et *gadarî*, fils et fille. Ces deux derniers mots s'expriment de cinq ou six manières absolument différentes, dans les gouvernements de Jummoo et Cachemire : *putar* et *dhî* en dogrâ et chibâhli, *loku* et *kurî* à Ramban, *ko* et *koî* à Bhadarwah, *kwâ* et *kûî* dans le Padar, *shûr* et *korî* à Kishtwar, *nichu* et *kor* dans le Cachemire. — Il y a là, comme on voit, dans un espace restreint, un assez vaste champ d'exploration pour les philologues.

TROISIÈME PARTIE

DARDISTAN. — BALTISTAN. — LADAKH.

XVIII

De Sirinagar à Astor. — Le Nangâ-Parbât ; l'inondation de 1850. — Les Chilâs, brigands républicains.

Nous avons maintenant à décrire la partie la plus accidentée et la moins connue des États du Maharaja de Jummoo et de Cachemire. Cette région, qui se compose des gouvernements de Dârdistan, Baltistan et Ladakh, compris sous la dénomination commune de « gouvernements lointains » (*Outlying governments*), est particulièrement intéressante pour les géologues, et pour les amateurs de sites grandioses et terribles. Nous ne saurions trop en recommander la visite aux touristes qui ont l'habitude des grandes courses de montagnes, et ne craignent ni la fatigue ni le vertige.

Nous commencerons par le Dârdistan (gouvernement de Gilgit), que j'ai parcouru et où j'ai séjourné pendant plusieurs mois en 1870.

On compte en tout, de Sirinagar à Gilgit, deux cent vingt-trois milles et demi par le col de *Kamrí*, et cinq milles de plus par celui de *Dorikun;* vingt-deux ou vingt-trois journées de marche [1]. Ces deux routes se bifurquent à partir de la sixième station (Gurez), et se réunissent à Astor. La première fait, comme on le voit, gagner une journée de marche, mais elle est aussi la plus pénible, et absolument impraticable pendant six grands mois, de la mi-novembre à la mi-mai. La seconde est ouverte quinze jours plutôt que la première, et fermée quinze jours plus tard. Il est même rigoureusement possible aux piétons de franchir le col de Dorikun l'hiver, mais nous ne conseillons pas cette entreprise aux touristes qui voyagent pour leur agrément.

[1] J'ai fait cette route en onze jours, en doublant plusieurs des étapes les moins pénibles. Mais je voyageais dans des conditions exceptionnelles, avec des officiers supérieurs de l'armée du Maharaja.

Cette excursion, comme toutes celles qu'on fait en partant de Sirinagar, commence d'une façon charmante. On s'embarque pour Bandipur sur le lac Walar, où l'on aborde après vingt-quatre heures d'une navigation semblable aux promenades vénitiennes célébrées par tant de barcarolles. On a parcouru ainsi, voluptueusement bercé, trente-deux à trente-trois milles sans s'en apercevoir. Mais il en reste deux cents à faire, dans des conditions bien différentes.

Il faut tout d'abord gravir, par une pente des plus escarpées, la chaîne du Kajnag, qui sépare la vallée du Jhélam de celle bien moins riante du Kischanganga, son affluent. A la première étape, *Tragbal*, où l'on bivaque auprès d'un grand étang artificiel, dans une clairière au milieu de futaies d'arbres verts, on est déjà à quatre mille pieds au-dessus du niveau de la vallée qu'on vient de quitter. Le lendemain on continue l'ascension. Après avoir franchi un premier col haut de onze mille huit cents pieds, on redescend sur Kunzalwân (station n° 5), à six mille cinq pieds en contre-bas du col, sur les bords du Kischanganga. Dans cet endroit fort rapproché de sa source, ce n'est encore qu'un torrent assez ordinaire. Mais plus bas, grossi par l'afflux de nombreux torrents, il acquiert un volume au moins égal à celui du Jhélam, dans lequel il se jette à Mouzafarabad. *Se jette* est bien le mot, car il est peu de rivières plus impétueuses. Le Kischanganga et ses affluents, traversant des gorges richement boisées, fournissent, comme le Chinâb, un ample contingent à l'exploitation forestière.

De Kunzalwân à Gurez (onze milles), nous suivîmes en amont les bords très-accidentés de ce cours d'eau torrentiel. Le chemin redescend et remonte alternativement, tantôt dans des gorges si étroites et bordées de tels escarpements que toute culture y est impossible, tantôt sur des plateaux élevés où il ne peut mûrir, à force d'irrigations, que du millet, du sarrasin et des pois. Ainsi, à Gurez (sept mille huit cents pieds), village dont la population est moitié cachemirienne, moitié de la race Dârdi, on a tenté inutilement de cultiver du riz. L'eau ne manque pas, mais le climat est par trop froid. La principale ressource des habitants est l'élève des petits chevaux de montagne, qui ont le pied et les jarrets d'une solidité à toute épreuve. J'ai eu plus d'une occasion de m'en assurer par moi-même dans cette rude traversée.

Bien que Gurez appartienne encore au gouvernement de Cachemire, c'est là que j'entendis pour la première fois parler la langue dârdi, absolument différente de celles des Cachemiriens et des Dogrâs.

A Gurez, on quitte la vallée du Kischanganga, et l'on commence une nouvelle ascension dans des montagnes encore plus âpres et plus escarpées que les premières. Elles forment la ligne de partage des bassins du Jhélam et du haut Indus. On franchit le col de Kamrî, qui a treize mille cent soixante pieds, si mieux on n'aime pousser, comme nous fîmes, jusqu'au col de Dorikon qui en a treize mille cinq cents [1]. Ensuite, de l'un ou de l'autre col, on descend sur Astor, l'un des chefs-lieux de district du Dârdistan, en côtoyant l'un ou l'autre des deux torrents qui se réunissent à quelques milles en amont de ce bourg, pour former la rivière du même nom, l'un des affluents de l'Indus.

Astor, que les Dogrâs nomment Hasora, est à sept mille huit cent cinquante-trois pieds d'al-

[1] A Burzil, avant l'ascension du col, la route se bifurque encore. Le chemin à droite conduit à Skardû, capitale du Baltistan, par le plateau de Déosai; nous décrirons plus loin cette route. Le chemin à gauche est celui d'Astor.

titude. L'une des deux branches supérieures de la rivière, celle de gauche, reçoit plusieurs torrents sortis des glaciers du fameux mont Nangâ-Parbât, qui n'est pas à plus de dix milles d'Astor. Je n'eus garde de manquer l'occasion d'aller voir de près cette formidable montagne, qui m'avait paru si belle à voir de loin, dans les environs de Sirinagar [1]. J'allai jusqu'au village Tarshing, situé à neuf mille quatre cents pieds d'altitude, au pied de l'un des glaciers du milieu desquels surgissent les escarpements inaccessibles du pic principal, haut de vingt-six mille six cent vingt-neuf pieds (8,210 mètres) [2] !

Cette énorme montagne, si belle à voir en perspective, est une voisine des plus incommodes. Je recueillis sur les lieux des renseignements curieux sur les mouvements alternatifs de ses glaciers, depuis une vingtaine d'années. En 1850, une masse énorme d'eau, provenant des glaciers qui se prolongent à plusieurs milles de distance dans le sud-ouest, se fit jour et commença à s'écouler

[1] V. ci-dessus, chap. XV.

[2] Il y en a un second à quelques milles dans le sud, qui atteint la hauteur encore fort respectable de six mille trois cents mètres. Ces deux points culminants sont reliés par une série de crêtes secondaires de trois à quatre mille mètres.

sous celui de Tarshing. Mais bientôt le passage de ces eaux se trouva intercepté par l'écroulement de la voûte souterraine. Alors elles s'accumulèrent derrière l'obstacle, et formèrent, dans une énorme ravine située en arrière du glacier, un lac artificiel long d'un mille et demi, large d'un demi-mille, et qui n'avait pas moins de trois cents pieds de profondeur dans les parties les plus creuses de ce ravin, qu'il finit par combler entièrement. Quand vint l'époque de la fonte des neiges, l'eau, qui montait toujours, ne tarda pas à atteindre, à déborder la crête supérieure du glacier, et se précipita sur la pente...

Depuis longtemps on s'attendait à cette catastrophe. On en avait, d'heure en heure, suivi les progrès; tous les habitants de la contrée se tenaient sur leurs gardes. Dans ce pays accidenté, on a bientôt fait de gagner des hauteurs inaccessibles à l'inondation. Aussi personne ne périt, mais un grand nombre d'habitations et presque toutes les cultures de la vallée d'Astor furent emportées par ce cataclysme, qui dura soixante-douze heures. Depuis cet événement, la surface du glacier de Tarshing, naguère très-unie, est sillonnée de crevasses larges et profondes, qui en rendent la traversée impossible.

Astor est situé sur un plateau formé de terrains d'alluvion, à cinq cents pieds au-dessus de la rivière, et à sept mille huit cent cinquante-trois pieds d'altitude absolue. C'est le quartier général d'une brigade de l'armée du Maharaja, chargée de protéger ses frontières de ce côté; fonction qui n'est nullement une sinécure, comme on va le voir. Les soldats, au nombre de douze cents, sont répartis par deux ou trois dans des espèces de huttes très-rapprochées les unes des autres.

Je n'ai pu me procurer que très-peu de renseignements sur l'historique de ce pays. Il en est déjà question dans la relation de Bernier. On y voit qu'Astor était alors gouverné par un raja qu'il nomme *Gamon,* tributaire du Grand Mogol. Lors de la décadence de cet empire, les rajas d'Astor, comme tous les petits despotes féodaux de ces montagnes, recouvrèrent leur indépendance. Ils la conservèrent jusqu'au temps de Runjit Singh, où ils devinrent vassaux tributaires du nouvel empire sikh.

Après la conquête du Ladakh et du Baltistan par Zurawar, lieutenant de Gulab Singh (1841), un détachement de son armée envahit le pays d'Astor, s'empara du bourg par famine, après plusieurs mois de blocus, et fit le raja prisonnier. Sur des réclamations venues de Lahore, il fut relâché et remis en possession de son petit État. Mais après le traité d'Umritsur, qui comprenait Astor et Gilgit parmi les territoires cédés à Gulab, le raja fut dépossédé derechef, et reçut une pension d'indemnité du gouvernement britannique.

Les habitants de la vallée d'Astor ont longtemps souffert des brigandages de leurs voisins du Yaghistan, cette tribu républicaine des Chilâs, dont nous avons déjà parlé. Ces Chilâs habitent, sur l'autre revers du Nangâ-Parbât, une région encore inexplorée, tellement accidentée, qu'il est, dit-on, impossible d'y faire usage de chevaux, pas même de ces intrépides poneys qu'on élève en grand nombre du côté d'Astor.

Les Chilâs venaient faire des razzias d'hommes, de femmes et de bestiaux par deux passages : l'un, nommé le pas ou col de *Mazenû,* dans le massif même du Nangâ-Parbât ; l'autre plus au nord, entre ce pic et l'Indus. On rencontre encore, en allant d'Astor à Gilgit, les restes de plusieurs hameaux abandonnés, dont la ruine date de ce temps-là. Ce qui rend toutefois les gens d'Astor moins intéressants, c'est qu'ils avaient pris l'habitude d'aller marauder à leur tour chez leurs voisins des districts montagneux du Cachemire et du Baltistan, pour remplacer le bétail que leur enlevaient de plus grands voleurs.

En 1851 ou 1852 (je n'ai pu savoir la date au juste), Gulab Singh fit un énergique effort pour mettre fin à cet état de choses. Il dirigea contre ces brigands (ceux de l'extérieur) une expédition qui pénétra dans leur pays par le col de Mazenù. Malgré la difficulté des communications, qui les fit jeûner plus d'une fois et faillit les contraindre à la retraite, les soldats de Gulab finirent par s'emparer du principal fort des Chilâs, situé à deux ou trois milles de l'Indus, et les contraignirent de demander la paix. Ils rendirent le butin qu'ils avaient pris, et ceux des prisonniers qu'ils avaient encore. Malheureusement la plupart avaient déjà été expédiés dans des contrées plus lointaines, où il était impossible d'aller les reprendre, et dont on ne revient guère. J'en ai pourtant vu quelques-uns, à Astor, qui avaient réussi à s'échapper après une vingtaine d'années de captivité.

Depuis cette expédition, les Chilâs se tiennent tranquilles, en payant un léger tribut au Maharaja, comme nous l'avons dit ailleurs. Ils donnent même des otages qu'on garde au village de Tarshing, le plus rapproché de la frontière, et qui sont changés tous les ans. Il s'en faut bien que les autres populations du Yaghistan montrent des dispositions aussi pacifiques.

XIX

Route d'Astor à Gilgit. — Historique du gouvernement de Gilgit jusqu'en 1847.

La vallée d'Astor se rétrécit sensiblement au-dessous du bourg. On chemine pendant plusieurs milles dans une gorge bordée de contreforts boisés, coupés par intervalles de ravines profondes, et dominés par des cimes que la neige couvre presque toujours. En passant dans cette tranchée, je compris quel terrible effet avait dû produire, en s'y engouffrant, la trombe vomie par les glaciers du Nangâ-Parbât.

A dix milles d'Astor, au-dessous du village de *Dashkin*, la vallée s'élargit tout à coup, et forme un superbe amphithéâtre de forêts s'étageant en pente douce, où les pins *excelsa* et autres arbres verts croissent jusqu'à la hauteur de quatre mille mètres. Cette région boisée est dominée, principalement sur la gauche, par des cimes abruptes ; c'est de ce côté que se trouve l'un des passages par lesquels les Chilâs venaient faire jadis leurs désagréables visites.

J'ai retrouvé dans cette contrée le pin comestible de Gérard (*edulis Gerardiana*), que je n'avais encore vu que dans la partie supérieure de la région du Chinâb.

La route, ou plutôt le sentier, reste toujours à gauche de l'Astor, mais s'écarte sensiblement de la rive pour descendre vers la vallée de l'Indus, qu'on atteint près de l'endroit nommé Hatû-Pîr, où il se fraye un passage à travers une série de rochers. Le paysage est sévère et grandiose. Les montagnes qui bordent l'autre côté de la vallée de l'Indus sont généralement dénudées : je n'y vis qu'à de rares intervalles des groupes de conifères. Sur la rive gauche du fleuve, on aperçoit un hameau et quelques champs cultivés. C'est la république microscopique de Thalicha, limitrophe des possessions du Maharaja.

Après Hatû-Pîr, on descend de près de cinq mille pieds par un sentier fort roide en zigzag, qui conduit au fond d'une gorge où l'on retrouve l'Astor. C'est là qu'on franchit enfin cette rivière tout près de son embouchure, sur un de ces ponts-escarpolettes dont j'ai déjà parlé. Il y a un autre pont en bois à l'usage des cavaliers, mais tous deux sont d'une apparence peu engageante. Ce passage, d'une grande importance militaire, est commandé par une tour que gardent quarante soldats. Ils habitent avec leurs familles des grottes creusées dans les rochers à pic qui surplombent cet entonnoir. Ce n'est rien moins qu'une station de plaisance ; on y étouffe l'été et l'on y gèle l'hiver, bien que la neige n'arrive jamais jusque dans ces profondeurs.

Après avoir franchi l'Astor, on suit la rive gauche de l'Indus jusqu'au fort de Bawanjî, en traversant une contrée que les récentes guerres des Dogrâs avec les tribus du Yâsîn (Yaghistan septentrional) ont changée en désert. Le fort de Bawanjî, gardé par soixante-dix soldats, sert aussi de lieu de détention aux Cachemiriens condamnés pour vol à la déportation. Pendant le jour, ces détenus ont la liberté de sortir, et de cultiver les terres voisines aujourd'hui abandonnées, tous les habitants de ce canton ayant émigré ou péri dans les dernières guerres. Le climat y est des plus doux, et les moissons y mûrissent facilement à l'aide de l'irrigation.

L'embouchure de la rivière de Gilgit n'est pas à plus de dix milles de Bawanjî, mais à cette hauteur le passage de l'Indus est absolument impraticable, à cause de la brusque descente du fleuve, qui dans un court intervalle s'abaisse d'au moins deux cent cinquante pieds.

C'est bien au-dessus de ces rapides, à environ un mille en amont du fort, que l'on franchit en bac l'Indus, large en cet endroit de cent soixante yards [1]. Sur la rive droite, on remonte un vallon étroit où coule le *Se*, petit affluent de l'Indus, et finalement on franchit une chaîne de montagnes à peu près à pic, nommée *Nîla Dhâr*, qui sépare ce vallon de la vallée du Gilgit. Cette partie de la route, entre *Jagot* sur le Se et *Minowar* sur le Gilgit, est la plus pénible, et, dans certains endroits, vraiment dangereuse.

Le district de Gilgit comprend, outre la partie inférieure de la vallée de ce nom, une partie de celle du Hunza, affluent du Gilgit, qui vient des monts Karakoram.

Gilgit (les indigènes prononcent *Gilyit*), chef-lieu du gouvernement de Dârdistan, est situé sur la rivière du même nom, dans une vallée étroite, profondément encaissée entre des montagnes escarpées, dont l'une, le *Raki-Poshi*, atteint la hauteur de sept mille sept cent soixante-

[1] L'yard vaut quatre-vingt-onze centimètres.

huit mètres. Placé à un niveau encore plus bas que celui de la vallée de Cachemire, le territoire de Gilgit n'est pas moins fertile ; il produit de même tous les légumes et les fruits d'Europe, même ceux du midi, comme les grenades. Aussi cette oasis a été de tout temps l'objet des convoitises des rudes montagnards du voisinage, qui habitent les vallées supérieures du Hunza et du Gilgit. Toute cette région montueuse et encore inexplorée, peuplée de tribus encore plus farouches que leurs montagnes, est connue sous le nom significatif et trop bien justifié de Yaghistan, ou pays des indomptables.

Heureux les peuples qui n'ont pas d'histoire ! La population du territoire de Gilgit ne connaît plus ce bonheur-là depuis bien des années. Ses annales rappellent, par leurs péripéties multipliées, celles de l'Italie.

Ce petit pays fut d'abord longtemps gouverné par des rajas indépendants, dont le pouvoir s'étendait probablement aussi sur la vallée d'Astor. Ces rajas prétendaient descendre d'un premier souverain thaumaturge, nommé *Trakane* ou *Trakan*. Les traditions locales ont conservé les noms de plusieurs de ces anciens souverains ; ils semblent d'origine persane.

De 1815 à 1842, époque où ce territoire fut conquis par les Sikhs, il n'y a pas eu moins de *cinq* révolutions dynastiques à Gilgit, sans compter les suivantes. On n'a pas mieux fait, ou pire, dans certains pays civilisés d'Occident.

Nous allons rappeler brièvement ces péripéties successives, sans pouvoir toutefois assigner à chacune sa date précise, car les gens du pays que j'ai consultés ne s'y reconnaissaient déjà plus.

1° Suleiman ou Soliman Shah, raja de l'Yâsîn, expulse de Gilgit Muhammad Khân, dernier descendant en ligne directe, par les mâles, de la race de Trakan.

2° Azad Khân, raja de Puniâl, défait Soliman, le tue et règne à sa place.

3° Il en est lui-même défait et tué par Tâir Shah, raja de Nagar (rive gauche du Hunza), lequel meurt de mort naturelle (!) et est remplacé par son fils, Shah Sakandar.

4° Celui-ci est bientôt détrôné et occis par Gaur Rahmân, raja de l'Yâsîn, successeur et neveu de Soliman.

5° Gaur Rahmân est expulsé à son tour, avec l'aide des Sikhs, par Karîm Khân, frère de Shah Sakandar.

Ce Gaur Rahmân, que nous allons bientôt voir reparaître, a laissé une réputation de férocité comparable à celle de Théodoros. Entre autres gentillesses, on m'a raconté qu'à une de ses audiences publiques, le chef d'un village étant venu se plaindre à lui de quelques malversations, Gaur Rahmân lui abattit la tête d'un coup de sabre, et fit dévorer le cadavre séance tenante par ses chiens. Les gens de Yâsîn, qui ne sont pas des plus doux, étaient eux-mêmes indignés de tant de cruauté. Ce Gaur Rahmân prétendait être doublement souverain légitime de Gilgit : de son propre chef, comme neveu et successeur de Soliman, et du chef de l'une de ses femmes, fille de cet Azad Khân qui avait tué et remplacé ce même Soliman. Il faisait une terrible consommation de femmes; outre celle-là, on m'en a cité trois autres dont il a eu aussi des enfants. Plusieurs ne valent guère mieux que le père, notamment Mîr Walî, son successeur.

A partir de l'intervention des Sikhs, en 1842, nous commençons à voir un peu plus clair dans la suite des événements. Karîm Khân, le frère du précédent raja mis à mort par Gaur Rahmân, avait trouvé moyen de s'échapper. Il s'en fut implorer le secours du gouverneur sikh du Cachemire, et promit de lui payer tribut. Ce gouverneur envoya à Gilgit deux régiments commandés par un certain Nathû Shâh, lequel avait rang de colonel dans l'armée sikhe. Il rétablit Karîm Khân, et défit Gaur Rahmân, qui se retira dans le pays de *Puniâl,* contrée intermédiaire entre Gilgit et l'Yâsîn. La même année, parut à Gilgit, avec des renforts, un certain Mathrâ Dâs, qui avait promis au gouverneur du Cachemire de faire d'immenses conquêtes dans la vallée de l'Indus, et qu'on envoyait en conséquence pour remplacer Nathû. Celui-ci n'était nullement disposé à céder la place, mais ils s'arrangèrent à l'amiable; chacun prit avec lui la moitié des troupes. Le nouveau venu, avec sa moitié, s'en alla assaillir Gaur Rahmân dans son repaire, se fit battre à plate couture et s'enfuit honteusement. Nathû reprit le commandement en chef, et marcha à son tour contre Gaur Rahmân, qui avait alors avec lui, comme auxiliaires, ses voisins les rajas de Hunza et de Nagar. Mais, au moment d'engager l'action, les chefs traitèrent ensemble, et à de singulières conditions. Les Sikhs renonçaient à pousser leurs conquêtes au delà de Gilgit. En retour, Gaur Rahmân et ses auxiliaires promettaient de s'abstenir de toute attaque contre ce territoire, dont Karîm Khân demeurait le raja, tributaire des Sikhs. Seulement le tribut absorbait la presque totalité de son revenu, et il n'était plus guère raja que de nom. Enfin, Gaur Rahmân et ses alliés s'engageaient à donner chacun une de leurs filles au colonel sikh, à titre de garantie! Il faut dire que les femmes du Yaghistan ont une grande réputation de beauté.

Ce bizarre traité fut exécuté de point en point. Après avoir pris livraison de ses trois femmes, le colonel Nathû retourna en Cachemire et de là dans le Panjâb, laissant à Gilgit une forte garnison pour défendre Karîm Khân, et au besoin pour le contenir.

Les choses demeurèrent dans cet état jusqu'en 1847, époque où l'attribution faite du territoire de Gilgit à Gulab Singh fit surgir de nouveaux incidents.

XX

Désastres et représailles des Dogrâs. — Historique de Gilgit (suite). — Le colonel aux trois femmes. — Autres gentillesses du raja Gaur Rahmân.

L'annexion de ce territoire de Gilgit au nouvel État de Jummoo et Cachemire résultait d'une interprétation du traité d'Umritsur, singulièrement élastique et bénévole, pour Gulab Singh. En effet, ce traité lui concédait « tous les districts montagneux, avec leurs dépendances, situés à l'est de l'Indus (sur la rive gauche, par conséquent) et à l'ouest du Ravî ». Il a fallu quelque bonne volonté pour comprendre dans cette concession Gilgit, qui est au nord et sur la rive droite de l'Indus, de même que le Ladakh, qui n'est pas à l'ouest du Ravî, mais bien au nord-est.

Ce n'est pas tout. Le territoire des Sikhs finissait en amont de Gilgit, à la frontière du Puniâl, contrée alors tout à fait indépendante. Les officiers du génie anglais, qui vinrent procéder, dès l'été de 1847, à la délimitation des territoires concédés à Goulâb, y comprirent le Puniâl, et firent aussi dans la vallée du Hunza une rectification de frontières tout à fait à l'avantage du nouveau Maharaja. Aussi, ils ne furent pas plus tôt partis, que le raja de Hunza, qui avait refusé d'assister à l'opération, envahit le territoire de Gilgit, et y saccagea plusieurs villages. Il reprochait à Gulab et à Karîm Khan, devenu son vassal, d'avoir violé le traité fait en 1842 avec Nathû Shah, le colonel aux trois femmes, et provoqué l'immixtion des *Farangis* (infidèles) dans des affaires qui ne les regardaient pas. Gulab envoya de ce côté le colonel lui-même, qui était passé à son service. Nathû Shah fit irruption dans la vallée du Hunza ; mais il y fut complétement défait et tué, ainsi que le raja Karîm Khân, qui l'accompagnait dans cette expédition. Aussitôt Gaur Rahmân, maître alors, non seulement de l'Yasin, mais du Punîal, recommença les hostilités, et s'empara du fort de Gilgit. D'autres populations se joignirent à lui : ce conflit tendait à devenir une guerre de race et de religion ; Dârds mahométans contre Dogrâs hindous.

Cependant, l'apparition de nouvelles troupes

envoyées par Gulab, et surtout la crainte de voir arriver des auxiliaires anglais, donnèrent à réfléchir aux envahisseurs. Des pourparlers s'engagèrent, et l'on traita sur les bases de 1842. Mais cette paix n'était évidemment qu'une trêve. Gulab comptait bien reprendre, un jour ou l'autre, tout ce que lui avaient concédé les Anglais; ses adversaires, de leur côté, espéraient le refouler complétement sur la rive gauche de l'Indus.

En 1852, le moment leur parut propice pour reprendre les hostilités. Ce fut Gaur Rahmân qui prit cette fois l'initiative. Il se jeta de nouveau sur la vallée de Gilgit, isola et bloqua étroitement les garnisons des forts de Gilgit et de Naupûra. Un officier supérieur, nommé *Bhûp Singh*, qui occupait Astor et Bawanjî avec 1,200 hommes, étant accouru au secours, essuya un désastre qui rappelle, dans de moindres proportions, celui de l'imprudent consul Flaminius sur les berges du lac Trasimène. Après avoir traversé l'Indus, franchi la chaîne abrupte qui sépare le Se du Gilgit, sans rencontrer de résistance (ce qui aurait dû lui donner à penser), il arriva sur le bord du Gilgit, à un endroit où il n'existe sur la rive droite qu'une levée fort étroite entre cette rivière et les montagnes. Le général dogrâ, s'étant enfourné sur cette levée avec toute sa troupe, en trouva l'issue barricadée par d'énormes pierres et gardée par une partie des soldats de Gaur Rahmân. En même temps, d'autres interceptaient sa ligne de retraite, d'autres encore paraissaient sur les hauteurs qui dominent la levée. Enfin les gens du Hunza, alliés de Gaur Rahmân, garnissaient l'autre rive. Les Dogrâs étaient pris dans un traquenard.

Cependant on parlementa avec eux ; on leur promit, s'ils consentaient à battre en retraite, non-seulement de leur laisser le passage libre, mais de leur fournir des vivres pour la route. Le général dogrâ eut la simplicité d'accepter, et resta plusieurs jours immobile, attendant ces vivres qui n'arrivaient pas. C'était une ruse de l'ennemi, qui redoutait un coup de désespoir de ces soldats, bien armés et disciplinés à l'européenne, et voulait mettre de son côté toutes les chances. Au bout d'une semaine, quand les Dogrâs furent épuisés par la famine, les gens de l'Yâsîn commencèrent à faire rouler sur eux une avalanche de pierres, tandis que, de l'autre rive, les milices du Hunza faisaient feu sur ceux qui tentaient de s'échapper à la nage. Les Dogrâs furent littéralement écrasés. Sur douze cents hommes, il en périt près de mille ; les autres furent pris et vendus comme esclaves. C'est par l'un de ces derniers, aujourd'hui riche marchand à Yarkand, que j'ai connu les détails de ce désastre.

Cependant Gilgit et Naupûra résistaient toujours. La garnison de Gilgit envoya même au secours de l'autre deux détachements de cent cinquante hommes chaque. L'un fut taillé en pièces ; l'autre parvint à se jeter dans Naupûra. Quelque temps après, cette place dut capituler faute de vivres. Il avait été convenu que ses défenseurs repasseraient librement l'Indus, avec armes et bagages. Mais, à la sortie du fort, l'un des assiégeants voulut arracher au commandant dogrâ ses boucles d'oreilles d'or. Il s'ensuivit un conflit et une mêlée générale, dans laquelle la plupart des soldats dogrâs succombèrent après une résistance héroïque. Dix-huit ans après, j'ai connu l'un des rares survivants de ce massacre ; il s'était fait musulman pour sauver sa vie, et était en grande faveur près d'un des fils de Gaur Rahmân.

La garnison de Gilgit succomba à son tour peu de temps après. On n'a jamais su si ce fut par surprise ou par suite d'une attaque de vive force. Mais ce qu'on sait bien, c'est que les assaillants égorgèrent, non-seulement tous les soldats dogrâs, mais leurs familles, qui habitaient aussi dans le fort. Une seule femme se sauva, en se jetant à la nage et descendant la rivière de Gilgit jusqu'à son embouchure, puis l'Indus jusqu'à Bawanjî. Cette femme, qui vit encore, habite dans le Cachemire, et le Maharaja lui fait une pension. On prétend qu'elle fit tout ce trajet en se tenant à la queue d'une vache (?).

Malgré cette série de désastres, le territoire de Gilgit fut reconquis, presque sans coup férir, huit ans après, sous le Maharaja actuel. Apprenant que le trop fameux Gaur Rahmân était enfin mort ou se mourait, le général dogrâ Devî Singh passa l'Indus en 1860, marcha brusquement sur Gilgit et enleva le fort d'un coup de main, bien qu'il eût été soigneusement réparé depuis les derniers événements, et passât pour imprenable. Poursuivant le cours de ses succès, il remonta la vallée du Gilgit, rétablit, chemin faisant, dans le Puniâl, l'ancien raja Isâ Bâgdur, vassal du Maharaja, qui avait été expulsé treize ans auparavant, et s'avança jusqu'à la capitale de l'Iâsîn, où tout était dans la confusion par suite du décès de Gaur Rahmân. Devî Singh proclama raja un cousin du défunt, qui promettait de reconnaître la suzeraineté du Maharaja de Cachemire. Devî Singh, toutefois, avait dépassé ses instructions en faisant cette pointe aventureuse. Il se replia donc promptement sur Gilgit et fit bien, car il y avait été devancé par le raja qu'il venait de proclamer en Pundâl, et qui avait été obligé de s'enfuir immédiatement pour sauver sa vie. Aussitôt après le départ des Dogrâs, les chefs des différentes factions s'étaient réunis contre le souverain imposé par l'étranger, et avaient proclamé Mulk Imân, l'un des nombreux fils de Gaur Rahmân.

Trois ans après, à l'occasion de quelques nouvelles hostilités commises par les habitants de l'Iâsîn, le Maharaja prit des mesures énergiques. Ses troupes pénétrèrent de nouveau, sans grande résistance, jusqu'à la capitale de l'Iâsîn, qui porte le même nom. L'ennemi les attendait à une journée de marche plus loin, en avant d'un fort nommé *Marorîkot,* où beaucoup de femmes et d'enfants avaient cherché un refuge. Les Dogrâs remportèrent une victoire complète sur ces bandes indisciplinées. Une partie des vaincus s'enfuit dans les montagnes, les autres furent rejetés dans le fort; les vainqueurs y pénétrèrent en même temps qu'eux et y firent un horrible carnage, sans distinction d'âge ni de sexe. C'était la revanche des exterminations de 1852.

Cette « punitive expedition » avait répandu au loin la terreur.

Le raja de l'Yâsîn et d'autres chefs du Yaghistan firent des ouvertures pacifiques, promirent de payer tribut, en attendant une occasion favorable pour se venger.

Ils crurent l'avoir trouvée en 1866. A la suite d'une attaque infructueuse de la brigade dogrâ de Gilgit contre la tribu obstinément hostile de Hunza, retranchée dans les massifs les plus impénétrables de Karakoram, il se forma une nouvelle coalition de ces « indomptables ». Le principal instigateur était le premier ministre du raja d'Iâsîn, qui, l'année précédente, était allé à Jummoo, de la part de son maître, rendre hommage au Maharaja! Il réussit à entraîner dans cette ligue, non-seulement les tribus de Hunza et de Nagar, mais celles qui habitent la vallée de Darel, sur la rive droite de l'Indus, au-dessous du territoire de Gilgit, et un prince encore plus puissant, le raja de Chitrâl, vaste contrée encore presque inconnue, située au sud de l'Hindou

Kosh et à l'ouest de l'Yâsîn, dont elle est séparée par une ramification du Karakoram qui se prolonge dans le sud.

Les territoires de Puniâl et de Gilgit furent brusquement envahis par des forces supérieures. Toutes les petites places du Puniâl, qui n'avaient que des garnisons indigènes appartenant à la race Dârd, comme les envahisseurs, se rendirent sans coup férir. L'invasion ne rencontra de résistance qu'au plus considérable des forts, celui de Sher, défendu par le raja en personne. Il avait heureusement avec lui une centaine de soldats du Maharaja, sur lesquels il comptait beaucoup plus que sur ses propres sujets. Il avait même renvoyé de confiance une bonne partie de sa garnison indigène, qui courut aussitôt se joindre aux ennemis. Cet incident caractéristique m'a été raconté par le raja de Puniâl lui-même, avec lequel j'avais fait intime connaissance pendant mon séjour à Gilgit en 1870.

Sa résistance exerça une influence décisive sur les événements, parce que le fort de Sher barre la route directe de Gilgit. Les assaillants furent donc obligés de faire un détour par les montagnes, ce qui leur fit perdre un temps précieux. D'autre part, la place de Gilgit, qu'ils espéraient prendre par famine, se trouva mieux approvisionnée qu'ils ne pensaient. Pendant ce temps, l'armée de secours du Maharaja franchissait l'Indus sans rencontrer de résistance ; et à son approche, les ennemis se dispersèrent sans combattre. Ils avaient montré, cette fois, bien moins d'énergie et d'habileté qu'en 1852.

La campagne finit par une expédition des Dogrâs dans la vallée de Darel, dont les habitants avaient pris part à cette levée de boucliers. Ils trouvèrent les passages ordinaires barricadés et défendus par les gens du pays et leurs alliés de l'Yâsîn ; mais le commandant dogrâ, militaire expérimenté, opéra un mouvement tournant par les montagnes, et contraignit l'ennemi à se retirer sans combattre. Cette excursion, entreprise dans une saison trop avancée, ne donna pas les résultats décisifs qu'on espérait. Quelques villages firent leur soumission, mais la plupart des habitants valides avaient pris la fuite, emmenant leurs bestiaux, et la poursuite fut interrompue par l'hiver, très-précoce et rigoureux dans ce pays. Néanmoins c'était quelque chose que d'avoir montré qu'une occupation complète n'offrirait pas, dans une meilleure saison, de difficultés insurmontables.

L'année suivante (1867), une nouvelle attaque des « indomptables » de l'Yâsîn fut repoussée victorieusement par Isâ Bagdûr. Depuis cette époque, il jouit d'une sorte de tranquillité relative, grâce à la guerre civile qui a éclaté chez ses dangereux voisins, et dont le Maharaja a su tirer bon parti.

La situation reste fort tendue avec les montagnards du Hunza, qu'on n'a pu forcer dans leurs repaires. Ils ont occupé et conservé le village de *Chaprot,* bien qu'il se trouve en deçà de la ligne de démarcation du territoire concédé à Gulab Singh en 1846. De plus, ils ont envahi et saccagé, en 1869, le village de Niomal, situé à dix milles de Gilgit, et peuplé de métis dârds-cachemiriens. Un certain nombre d'habitants de cette localité ont été amenés et vendus comme esclaves. Depuis cette époque, il n'y a eu, de ce côté, que des escarmouches peu importantes; mais les garnisons de Gilgit et de Deyor sont obligées de se tenir incessamment sur leurs gardes.

J'ai dessiné ce fort de Gilgit, plusieurs fois démantelé et chaque fois reconstruit avec un nouveau supplément de fortifications. Les derniers travaux sont du temps du fameux Gaur-

Rahmân (1852-60) ; on n'a rien eu à y refaire, cette citadelle étant retombée sans coup férir au pouvoir des soldats du Maharaja. Elle n'a pas moins de onze tours rondes et carrées, grandes et petites, non compris le donjon (*voir la gravure*).

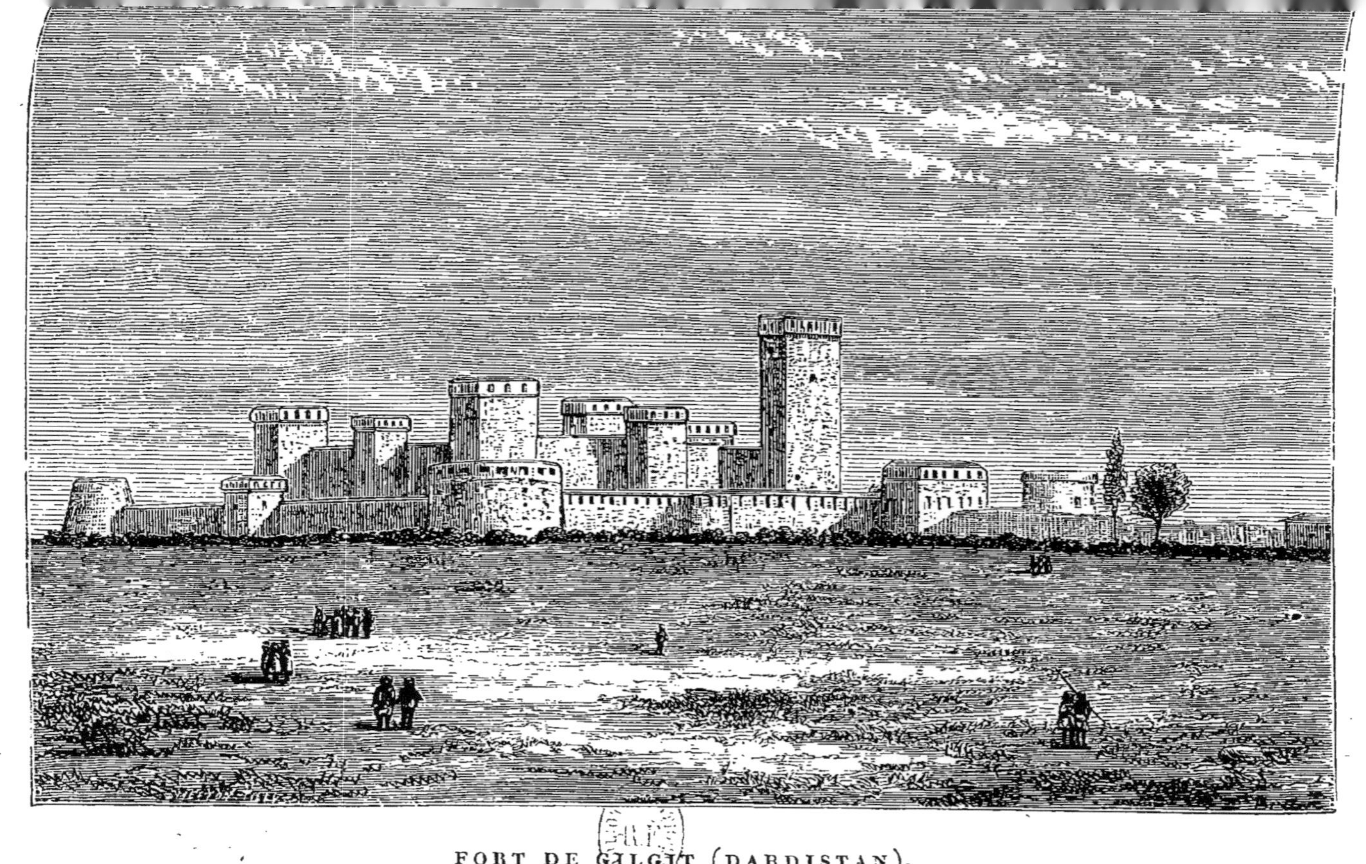

FORT DE GILGIT (DARDISTAN).

(P. 200.)

XXI

Assassinat d'Hayward (1870).

On a vu que la dernière attaque combinée des peuples du Yaghistan contre Gilgit, celle de 1866, avait été dirigée par Mulk Imân, fils aîné et successeur de Gaur Rahmân. L'échec complet de cette expédition enleva tout prestige à ce nouveau raja de l'Yâsîn. Peu de temps après, il fut détrôné par *Mîr Walî,* l'un de ses nombreux frères. Cette révolution s'accomplit avec l'aide du puissant souverain de Chitrâl, dont Mîr Walî devint tributaire. Ce qu'il y eut de vraiment original dans cette péripétie, c'est que le raja dépossédé se réfugia auprès de Renbîr Singh. Non content d'accueillir généreusement cet ancien ennemi, le Maharaja s'empressa de l'installer à Gilgit, comme un épouvantail pour Mîr Walî. Cette démonstration fit passer en effet au nouveau raja de l'Yâsîn l'envie de recommencer les hostilités. Il y eut alors une sorte de trêve tacite, pendant laquelle des habitants du Chitrâl et de l'Yâsîn venaient de temps à autre à Gilgit.

Telle était la situation en 1870, quand des complications nouvelles surgirent à la suite d'un incident tragique qui a retenti jusqu'en Europe, l'assassinat du voyageur Hayward.

George Hayward, lieutenant dans l'armée anglaise, était venu dans l'Inde avec une mission de la Société royale de géographie de Londres, pour explorer ce fameux plateau de Pâmir, où quelques savants modernes veulent à toute force retrouver l'emplacement du paradis terrestre. Il avait inutilement essayé d'y arriver par Yarkand et Kashgar; mais les obstacles insurmontables qu'il avait rencontrés dans cette direction n'avaient fait que stimuler son ardeur. Il espérait parvenir à son but en traversant l'Yâsîn et le Badakshân, vaste contrée limitrophe, encore presque inconnue, située sur l'autre revers de l'Hindou Kosh.

Je me trouvais à Gilgit lors de l'arrivée d'Hayward. Je m'empressai de lui faire part de tous les renseignements que j'avais pu recueillir sur la contrée inhospitalière dans laquelle il voulait pénétrer, sans lui dissimuler les dangers d'un pareil voyage; car les habitants du Yaghistân pouvaient bien venir sans péril à Gilgit, mais les sujets du Maharaja ne jouissaient nullement de la réciprocité. Toutes mes représentations furent inutiles.

Mîr Walî commença par refuser nettement l'entrée de ses États au voyageur anglais. Mais celui-ci ne se décourageait pas facilement; il fit passer au farouche raja une lettre et quelques présents, par l'intermédiaire d'un habitant du pays. Cette fois la réponse fut favorable : en mars 1870, Hayward franchit sans accident d'aucune sorte la distance de quatre-vingts milles qui sépare Gilgit de la capitale de l'Yâsîn. Il est vrai que là il se trouva dans une impasse, attendu que les sentiers qui conduisent dans le Badakshân à travers l'Hindou Kosh étaient encore obstrués par les neiges pour plusieurs mois. Il ne resta donc cette fois que peu de jours à Yâsîn, et retourna sur ses pas, comptant bien recommencer au mois de juillet suivant. Il avait été accueilli à merveille et même fort cajolé par le raja. Celui-ci n'avait probablement pas compris la mission scientifique d'Hayward, et le prenait pour un agent politique. Aussi il l'entretint longuement de ses dissentiments avec Renbîr

Singh au sujet du territoire de Gilgit, à la possession duquel il prétendait avoir des droits du chef de son père Gaur Rahmân. Il lui représenta que la vallée du Gilgit inférieur n'était qu'une suite naturelle et une annexe de la vallée haute et de ses embranchements qui forment l'Yâsîn, qu'elle était habitée par des gens de la même race, et conjura Hayward de plaider sa cause auprès du gouvernement britannique. Il en dit tant et fit si bien, qu'Hayward lui permit de faire valoir ses droits.

Ils se quittèrent les meilleurs amis du monde, avec promesse de se revoir bientôt. Quand Hayward repassa par Gilgit, je m'aperçus facilement à son langage qu'il pensait que j'avais été induit en erreur sur le caractère de Mîr Walî par des rapports calomnieux. En attendant la saison favorable, Hayward retourna dans le Panjâb. Il y fit, comme il l'avait promis, une démarche auprès du gouvernement général en faveur de Mîr Walî, démarche qui n'eut pas de succès.

Dès le mois de juillet, il était de retour à Yâsîn. Mais cette fois l'accueil du raja fut beaucoup moins cordial. Il fut très-irrité de ce qu'Hayward n'avait rien obtenu pour lui du gouvernement britannique. De plus, mon compatriote s'était muni cette fois de présents considérables, mais destinés aux princes dont il aurait à traverser les États situés *au delà de l'Yâsîn*. L'aspect de ces richesses, qui n'étaient pas pour lui, excitait vivement les convoitises du barbare. Il tenta d'en accaparer une partie par des voies détournées, en conseillant à son hôte de passer par les États de Chitrâl. Il est probable que Mîr Walî s'était entendu d'avance avec des chefs de cette contrée, dont l'un était son propre frère, pour partager avec eux ce qu'ils auraient prélevé, de gré ou de force, sur les bagages du voyageur anglais. Mais Hayward refusa absolument de prendre cette route, la plus pénible et la plus coûteuse. Il lui eût fallu faire un grand détour dans l'ouest, franchir la première chaîne qui sépare ce pays de l'Yâsîn (chaîne dans laquelle on a relevé des cimes hautes de vingt à vingt-trois mille pieds), être rançonné chemin faisant, puis franchir ou contourner l'Hindou Kosh par des sentiers inconnus. Il signifia donc à Mîr Walî qu'au lieu d'aller à l'ouest il irait au nord, par le col de Darkot (Hindou-Kosh), qui conduit directement de l'Yâsîn dans le Badakshân. Ils eurent à ce sujet une altercation des plus vives, et la mort d'Hayward fut jurée à partir de ce jour.

Aucun obstacle ne fut apporté à son départ. Seulement, à trois jours de marche d'Yâsîn, près d'un village nommé *Darkût*, il fut rejoint par une soixantaine d'hommes armés, qui l'abordèrent avec de grands témoignages de respect, se disant envoyés par le raja pour l'escorter jusqu'au col de Darkot. La nuit suivante, l'infortuné voyageur fut surpris pendant son sommeil, traîné dans une forêt voisine, et poignardé ainsi que les cinq domestiques ou porteurs cachemiriens qui l'accompagnaient (18 juillet 1870).

Ainsi a péri, à la fleur de l'âge, cet explorateur trop intrépide, victime de l'ambition et de la cupidité déçues d'un barbare. Toute puissance humaine a des bornes, même celle des plus grandes nations. Tout ce que je pus faire, ce fut de recouvrer, trois mois plus tard, à force de présents, les restes de mon malheureux compatriote, que j'ai fait inhumer dans un jardin, près du fort de Gilgit.

Cette inhumation eut lieu le 23 octobre 1870. Alors on pouvait croire que la mort d'Hayward ne resterait pas impunie. En effet, moins d'un mois après ce crime, un complot avait éclaté contre le meurtrier. Détrôné par un de ses frères, Bahadûr, raja de Mastûj, Mîr Walî avait dû se réfugier dans le Chitrâl, et c'était de son successeur que j'avais obtenu la remise du corps d'Hayward. Mais, trois ans après, par suite d'une nouvelle révolution, Bahadûr a été expulsé à son tour et Mîr Walî rétabli. En dépit de tous les efforts des agents du Maharaja et de ceux du gouvernement anglais, le lâche meurtrier d'Hayward est encore aujourd'hui (1875) raja de l'Yâsîn [1].

[1] Une lettre toute récente de M. Drew nous a appris que Mîr Walî était mort, de sa *belle* mort, en 1876. (T.)

XXII

Excursion dans le Puniâl. — Les forts de Sher et de Bubar. — Le poste d'Hupar. — Inondations de l'Indus. — Situation difficile.

Pendant mon séjour à Gilgit, je m'étais lié fort intimement avec Isâ Bagdûr, ce raja du Puniâl dont il a été question dans les chapitres précédents. Le Maharaja, et par conséquent l'Angleterre, n'a pas d'amis plus sûr que ce prince, trois fois dépossédé, et trois fois rétabli dans l'espace de vingt ans.

Peu de jours après l'inhumation des restes d'Hayward à Gilgit, au mois de novembre 1870, je fis avec Isâ Bagdûr une excursion dans ce petit État de Puniâl, qui est comme la marche ou le *border* des territoires cachemiriens du côté le plus exposé aux insultes. Nous étions armés jusqu'aux dents et escortés par deux cents hommes de la garnison de Gilgit. Ces précautions, qui ne sont jamais de trop dans ce pays, étaient alors rigoureusement indispensables.

Isâ Bagdûr commande à neuf villages, échelonnés en amont dans la vallée supérieure du Gilgit sur une longueur d'environ vingt-cinq milles, jusqu'à la frontière de l'Yâsîn. Chacun de ces villages est un fort, où les habitants se retirent et rentrent leur bétail tous les soirs. Tous sont construits sur un type à peu près semblable. J'ai visité en détail le plus considérable et le plus sûr, celui de *Sher*, résidence ordinaire du raja. Il est entouré d'un rempart flanqué de tours, et dont un des côtés donne sur la rivière, encore navigable à cette hauteur. Cette place est la seule qui soit située dans de pareilles conditions, et qui puisse par conséquent être ravitaillée par eau, sans que l'assaillant ait le moyen de s'y opposer, à cause de l'escarpement des rives; tandis que les autres, bien que très-fortes aussi, peuvent être entièrement bloquées et prises par famine.

Dans l'intérieur de Sher, les habitations, disposées autour d'une place couverte, ont un rez-de-chaussée et deux étages. Le rez-de-chaussée sert d'étable, le premier étage sert de logement l'hiver; le second, qui est éclairé d'en haut, est la résidence d'été. Le très-modeste palais du raja occupe un des angles de la place. Tous les habitants de ces villages sont astreints au service militaire, mais le raja a en plus, à Sher, un petit détachement de cent soldats dogrâs, dont il est plus sûr que de ses propres sujets.

A la chute du jour, je vis tous les indigènes et les bestiaux rentrer dans la place, et, pendant la nuit entière, des sentinelles ne cessèrent de s'appeler et de se répondre d'une tour à l'autre. Tous les jours, toutes les nuits se suivent et se ressemblent; on vit sous le coup d'une menace d'invasion permanente. Cette situation tristement curieuse donne l'idée de ce que pouvait être celle de l'Europe à l'époque la plus sombre de l'âge féodal.

Bubar est, après Sher, la plus forte place du Puniâl; elle est considérée comme imprenable, autrement que par disette ou par trahison. Bien que situé au milieu d'âpres montagnes, à plus de six mille pieds d'altitude, ce village est dans des conditions exceptionnelles d'abri; aussi ses habitants pratiquent avec succès la culture des arbres à fruit et récoltent même du vin. J'ai vu là de nombreux ceps de vigne disposés en espaliers le long des remparts.

Le dernier village du Puniâl, du côté de la frontière, se nomme *Gâkuj*. Il est situé à six mille neuf cent quarante pieds d'altitude, sur une éminence qui domine la rivière d'environ sept cents pieds. Le climat y est des plus rigoureux; la neige y tombe sans désemparer pendant trois mois de l'année. D'après les renseignements qui m'avaient été donnés par Hayward au retour de sa première excursion dans l'Yâsîn, la distance entre la capitale de ce pays et Gâkuj serait de trente-neuf milles. A quelques milles en amont de ce dernier village, se dresse un barrage naturel de rochers, dont les pentes inférieures sont couvertes d'arbres verts. Entre ces rochers, d'une altitude relative de mille mètres, la rivière de Gilgit semble s'échapper de l'Yâsîn.

Cet endroit sauvage, nommé *Hupar*, est la limite extrême des territoires soumis au Maharaja. Sur la cime d'un de ces rochers, visible d'une grande distance dans le Puniâl, est installé un poste d'observation de six hommes, qui, au moindre mouvement suspect aperçu de l'autre côté de la frontière, doit aussitôt donner l'alarme en faisant un grand feu. Aussi il leur est expressément défendu d'en allumer pour tout autre motif; on leur apporte de Gâkuj leurs aliments tout cuits. Cette position commande la route directe de Gilgit à Yâsîn. Il y a trois autres postes d'observation semblables, échelonnés sur l'extrême frontière, dans des endroits d'où la vue s'étend pareillement au loin, du côté du territoire ennemi. Les gens de l'Yâsîn se tiennent également sur leurs gardes : leur principal poste d'observation est à un endroit nommé *Shedodas,* en face de Hupar.

L'Indus, qui sépare le district de Gilgit de celui d'Astor, n'arrive ensuite dans le Panjâb qu'après avoir traversé, sur une longueur d'au moins cent trente milles, une région encore presque entièrement inconnue. Dans cette partie de son parcours, et à son entrée dans le Panjâb, ce fleuve est sujet à de furieux débordements. Les plus considérables dont on se souvienne sont ceux de 1841 et de 1858. Lors du premier, les eaux de l'Indus avaient été extrêmement basses jusqu'à la fin de mai, c'est-à-dire fort au delà de l'époque ordinaire des crues. Le 1er ou le 2 juin, dans l'après-midi, le fleuve grossit effroyablement en quelques minutes, envahit et submergea à une grande profondeur toute la plaine du *Chach* dans le Hazzara, province du Panjâb, dans laquelle une partie de l'armée sikhe était alors campée. Les tentes, les bagages, les canons mêmes furent entraînés, les soldats noyés par centaines. Suivant l'expression naïvement énergique d'un témoin oculaire, « le fleuve balaya cette armée, comme une femme balaye une fourmilière avec un torchon mouillé ». Les gens qui eurent le temps de gagner les hauteurs furent sauvés, mais non pas ceux qui avaient cherché un asile dans les maisons et sur les arbres de la plaine ; arbres et maisons furent emportés.

Dans l'inondation du mois d'août 1858, qui causa aussi de grands désastres, le fleuve monta de *cent soixante* pieds dans l'espace de vingt-quatre heures [1]. Suivant les plus grandes probabilités, c'est dans les parages reculés du Dârdistan que la science doit chercher le secret de ces perturbations.

Dans ces régions sauvages et tourmentées, où les conditions de l'existence sont si pénibles, les

[1] On a beaucoup disserté et disputé sur la cause de ces crues extraordinaires. Plusieurs savants les attribuent à des cataclysmes semblables à celui qui submergea la vallée d'Astor en 1852, dus à la décharge de lacs artificiels s'ouvrant brusquement un passage à travers les glaciers gigantesques du Karakoram, d'où sortent un grand nombre d'affluents torrentiels du haut Indus. M. Drew, qui a étudié la question à fond, et sur les lieux, incline à penser que les plus grandes inondations sont plutôt dues à des éboulements de montagnes par suite de tremblements de terre. Il a notamment constaté,

hommes trouvent encore du temps pour se haïr et s'entre-détruire ; leurs violences semblent l'écho ou le reflet de celles de la nature. On a vu, par l'historique sommaire qui précède, quels obstacles a rencontrés l'établissement de la domination du Maharaja sur la rive droite de l'Indus. La difficulté la plus grande, c'est que les habitants de Gilgit et du Puniâl appartiennent à la race Dârdi comme ceux du Yaghistan. C'est une race robuste, énergique, amoureuse de son indépendance, peu sympathique aux Cachemiriens et encore moins aux Dogrâs, dont elle est d'ailleurs séparée par les préjugés religieux, les Dârdis étant presque tous mahométans. Aussi la population de ces territoires annexés au nouvel État a fait plus d'une fois cause commune avec les envahisseurs ; et quand les Dogrâs ont reconquis ce pays en 1860, beaucoup d'habitants ont

d'après des traditions locales, qu'un de ces éboulements avait eu lieu au débouché d'Hatû Pîr, et occasionné une perturbation radicale dans le régime du fleuve, peu de temps avant la grande inondation de 1841, tandis que l'écoulement de l'énorme masse d'eau sortie des flancs du Nanga Parbat en 1852 n'a occasionné aucun désastre sur le bas Indus. La question ne pourra être pleinement élucidée que par une reconnaissance approfondie du cours de l'Indus, dans la traversée de la région montueuse et inexplorée qui s'étend de Hatû Pîr aux confins du Panjâb. (T.)

abandonné leurs foyers, sans compter ceux qui ont péri. C'est ainsi que le canton de Bawanjî, par exemple, est aujourd'hui absolument désert.

Le Maharaja actuel fait preuve de beaucoup de dextérité et de longanimité dans cette situation difficile, en s'efforçant de ménager les susceptibilités autonomes de ses sujets du Dârdistan. Ainsi, bien que le district de Gilgit soit placé en fait sous sa domination directe, il a eu l'idée ingénieuse d'y installer, avec le titre de raja et quelques revenus, un enfant issu véritablement de la famille des anciens souverains du pays, le fils d'une fille de Karim Khân, le dernier raja effectif de Gilgit, tué en 1847. (*Voir chap.* XX.) J'ai vu, en 1870, ce raja nominal; c'était alors un enfant de treize ans [1].

[1] Ce prince, nommé *Alîdâd,* est le fils du raja de Nagar, qui avait épousé la fille de Kharîm-Khân. Son prestige de légitimité est d'autant plus grand, que son aïeule paternelle appartenait, dit-on, à la famille de Trakan, l'Odin du Dârdistan. (*Voir chap.* XIX.) Reste à savoir si ce prince, âgé aujourd'hui de vingt ans, n'aura pas quelque jour la fantaisie de prendre son rôle au sérieux.

BIBLIOTH. NATIONALE R.F.

HABITANTS DU DARDISTAN.

(P. 217.)

XXIII

Religion et castes des Dârdis. — Organisation des républiques du Yaghistan. — La traite.

La figure ci-jointe est un spécimen fort exact des types masculins du Dârdistan. Les femmes m'ont paru généralement moins bien que les hommes, du moins dans les districts d'Astor et de Gilgit. En revanche, celles du Dârdistan indépendant, celles surtout de l'Yâsîn, ont une grande réputation de beauté.

Cette race est encore un rameau de la grande famille aryenne, mais tout à fait distinct des autres. On retrouve dans les dialectes dârdis un certain nombre de mots identiques ou fort semblables à ceux des Cachemiriens, des Dogrâs et autres, mais aussi bien des termes, et des plus usuels, radicalement dissemblables, comme ceux correspondant à *eau, feu, homme, femme, cheval,* etc.

Tous les habitants du Dârdistan, dépendants ou indépendants du Maharaja, sont mahométans, sauf quelques-uns, établis dans le Ladakh et le Baltistan, et qui ont embrassé le bouddhisme. A quelle époque ce peuple a-t-il adopté l'islamisme, et quelle religion a-t-il quittée pour celle-là? On ne peut faire à ce sujet que de vagues conjectures. Ce qui paraît certain, c'est qu'ils ont longtemps gardé des pratiques qui évidemment étaient des réminiscences d'autres cultes. Par exemple, l'usage de l'incinération des morts était encore en vigueur vers 1842 dans le district d'Astor. Aujourd'hui même, les gens de cette contrée ont conservé l'habitude d'allumer des feux auprès de la fosse refermée sur le cadavre. C'est à la fois un souvenir de l'ancien usage religieux de l'incinération, et une précaution contre les chacals.

On retrouve, chez ce peuple, sous d'autres noms, des distinctions de castes analogues à celles de l'Inde et du Panjâb. La plus élevée de toutes se nomme *Ronû*; elle se compose d'un très-petit nombre de familles, qui habitent toutes le territoire de Gilgit. Cette supériorité, du reste, est purement nominale, et n'est plus accompagnée de priviléges effectifs [1]. Vient ensuite la

[1] M. Drew pense que les quelques individus appartenant à

caste des *Shîn,* nombreux dans le gouvernement de Gilgit (sauf dans le Puniâl), et dans les États du Dârdistan libre ou Yaghistan, qui jouissent des douceurs du régime républicain. Ces républiques échelonnées sur les deux rives de l'Indus à partir de la frontière du Maharaja sont au nombre de sept. La plus considérable est celle des Chilâs, dont nous avons parlé ailleurs; la plus petite est celle de *Thalicha,* dont le territoire est sur la rive gauche de l'Indus, au-dessus d'Hatu-Pir. Cet État microscopique se compose de sept maisons [1].

Tous ces gouvernements républicains semblent conçus d'après un type uniforme. Ce sont des assemblées générales, nommées *Sigâs,* convoquées au son d'une espèce de tambour, qui discutent les grandes affaires et en décident souverainement. Les femmes et les enfants sont exclus de ces assemblées ; mais tous les hommes, vieux et jeunes, en font partie et sont même

cette caste descendent de familles investies autrefois de hautes fonctions héréditaires. Peut-être faut-il y voir les derniers débris d'une caste sacerdotale correspondant à celle des brahmans.

[1] A la suite de ces tribus, il y en a encore plusieurs autres qui se succèdent dans la vallée de l'Indus jusqu'à la frontière du Hazzara (Panjâb). Mais on ne connaît que leurs noms.

obligés de s'y rendre. Les résolutions sont prises à la majorité des suffrages. Mais, si ce qu'on m'a raconté est exact, les droits de la minorité sont mieux respectés dans ces petites républiques plus qu'à demi barbares, que dans certaines grandes républiques civilisées. On m'a affirmé que quand une résolution quelconque est combattue par un citoyen jouissant de la considération générale, ce citoyen fût-il seul ou presque seul de son avis, l'assemblée ajourne à quelques jours ; que cet intervalle est employé à discuter les raisons des dissidents ; que si, après mûr examen, ces raisons sont trouvées bonnes, la majorité a la sagesse de le reconnaître et de modifier ses résolutions, et qu'à l'assemblée suivante tout le monde se trouve ordinairement d'accord. Il n'y aurait point d'intransigeants parmi ces sages démocrates de l'Indus.

Le pouvoir exécutif et judiciaire est exercé par cinq ou six directeurs nommés *Joshteros*, élus par l'assemblée générale. Ces Joshteros sont arbitres souverains dans les contestations relatives au bois et à l'eau, les plus fréquentes dans ces parages. Ils veillent à l'exécution des lois, mais ne peuvent en changer aucune sans le consentement de l'assemblée générale. Enfin, non-seulement leur office n'est pas héréditaire, mais ils sont incessamment révocables..., et aucun Joshtero ne s'est encore permis le moindre coup d'État !

Les tribus dont le territoire est le plus étendu, par exemple celle de Darel, qui ne compte pas moins de sept grands villages fortifiés comme ceux du Puniâl, sont des républiques fédérales. Chaque village est administré par son assemblée particulière, et chacune de ces assemblées nomme des délégués qui se rassemblent en congrès pour délibérer sur les objets d'intérêt commun.

On ignore l'origine de ces républiques, mais j'imagine qu'elle doit ressembler fort à celle des républiques italiennes et de certaines communes françaises au moyen âge. Il y aura eu là aussi, sans doute, une réaction provoquée par des excès par trop intolérables du despotisme féodal.

Il y a pourtant quelques ombres à ce tableau. Ainsi, on m'a affirmé que dans ces républiques-là aussi, la liberté dégénérait souvent en licence; que l'ordre y était plus souvent troublé, la sécurité publique et particulière moins assurée que dans les territoires où le régime monarchique a été conservé.....

Après la caste des *Skins,* vient celle des *Yashkuns* ou cultivateurs, qui est de beaucoup la plus nombreuse parmi les Dârdis. Elle forme la majorité de la population dans tous les États que nous venons d'énumérer (Gilgit, Astor et Républiques); et la totalité dans le Puniâl, et dans tous les États monarchiques qui composent le Dârdistan septentrional ou *des rajas*. Ces États, qui ont figuré plus d'une fois dans notre récit, sont l'Yâsîn et ses dépendances, le Chitrâl, le Nogar et le Hunza. Dans tous ces États, tant monarchiques que républicains (sauf ceux du Maharaja), les prisonniers de guerre sont réduits en esclavage. Mais c'est surtout dans l'Yâsîn et les autres États soumis à des rajas, que la traite s'opère sur une grande échelle. C'est la branche de revenu la plus lucrative de ces petits souverains. Aussi ils daignent s'en occuper eux-mêmes, et expédient tous les ans des cargaisons d'esclaves dans le Badakskân et le Turkestan. Ils exportent ainsi non-seulement les prisonniers de guerre, mais tous les étrangers qu'ils peuvent attraper par ruse ou par force; et, quand les étrangers leur manquent, ils prennent de leurs propres sujets. C'est surtout la crainte de voir apporter quelques restrictions à ce commerce qui les rend si réfractaires à l'influence anglaise [1].

Les deux dernières castes, dans toute l'étendue du Dârdistan, sont les *Kremins* (potiers, meuniers, voituriers, etc.), et les individus de la caste la plus vile, nommés *Dûms* comme chez les Dogrâs, et placés sous le coup de la même réprobation. Ces deux castes sont nombreuses, et semblent issues de croisements avec une race pré aryenne.

[Un passage fort curieux de Bernier, qui paraît avoir échappé à M. Drew, pourrait bien se rapporter à ces populations du Dârdistan. Un vieillard de la famille des anciens rois de Cachemire, qui, dans sa jeunesse, avait été forcé de s'expatrier pour sauver sa vie, raconta à Bernier qu'après avoir longtemps erré dans d'affreuses montagnes, il était arrivé dans une région inconnue dont les habitants lui avaient fait le plus aimable accueil, et qu'en particulier les femmes et les filles, *qui dans cette contrée étaient d'une beauté remarquable,* n'avaient rien épargné pour

[1] Il est juste pourtant de remarquer que la traite s'exerce encore aujourd'hui, sur une échelle encore plus vaste, dans les États de leur voisin l'émir de Caboul, *quasi feudataire* de l'Angleterre. (V. COOPER, *Un continent perdu* [Hachette], pages 33 et suiv.) T.

charmer les ennuis de son exil. Cette histoire ne peut se rapporter ni à l'Inde, où régnait le Grand Mogol, proscripteur du prince fugitif, ni au Thibet, où les femmes sont généralement laides et encore plus malpropres. Il ne peut donc être question que du Yaghistan, encore renommé aujourd'hui pour la beauté de ses femmes. Mais ses habitants ont bien perdu de leur ancienne aménité. On ne leur demande pas de pratiquer les devoirs de l'hospitalité avec la même ardeur que leurs aïeux et aïeules, mais au moins ils ne devraient pas assassiner leurs hôtes.]

XXIV

BALTISTAN. — De Sirinagar à Skardû. — Le plateau de Déosai. — Prise du fort de Skardû. — Aspect du pays. — Les habitants.

Le gouvernement de Baltistan comprend la section de la vallée du haut Indus qui côtoie les monts Karakoram et les vallées adjacentes. C'est là que se trouvent les cimes les plus hautes, les plus vastes glaciers. Nulle contrée au monde n'est peut-être aussi riche en sites grandioses et terribles. Je l'ai parcourue en 1863, et je faillis bien n'en pas revenir, comme on le verra tout à l'heure. J'y suis encore retourné en 1870.

Les voyageurs qui vont de Sirinagar à *Skardû*, chef-lieu du Baltistan, suivent la route d'Astor jusqu'à Burzil (dix mille neuf cent quarante pieds), au pied du col de Dorikon (voyez chap. XVIII). Là ils tournent au nord-est, et gravissent au col de *Sakpilâ* (douze mille neuf cents pieds) la ligne de partage des eaux du Jhélam et de l'Indus. On redescend dans une

13.

gorge étroite, où prend sa source l'un des sous-affluents de ce dernier fleuve, le *Shingo,* et presque aussitôt on remonte vers un second col nommé *Sarsangar* (treize mille huit cent soixante pieds), qui débouche sur le *Deosai,* vaste plateau situé à une altitude moyenne de quatre mille mètres, et entouré de montagnes qui le dominent de mille mètres environ.

Ce plateau forme une espèce de cirque irrégulier, d'environ vingt-cinq milles de diamètre. C'est, sans nul doute, le fond d'un gigantesque glacier aujourd'hui disparu. A chaque pas, j'y retrouvais des traces non équivoques de l'ancien état : débris de moraines, *roches moutonnées,* etc. Deux petits lacs très-voisins l'un de l'autre, à peu de distance du col de Sarsangar, sont bordés d'anciennes moraines bien conservées. La surface du Deosai, inclinée en pente douce du côté du nord-ouest au sud-est, forme une série d'ondulations pareilles à des vagues. Des crêtes rocheuses absolument stériles alternent avec de petits vallons où l'on trouve un peu d'herbe, et des ruisseaux dont la réunion forme une rivière nommée le *Shigar,* qui va se jeter dans le Suru, affluent de l'Indus[1].

[1] Il ne faut pas confondre ce Shigar avec une autre rivière

Cette steppe mélancolique, où l'air est des plus vifs, même en plein été, est absolument inhabitée. Je n'y aperçus d'autres êtres vivants que des marmottes (*trishiûn* en langue dârdi), qui détalaient à notre approche, en faisant entendre ce sifflement d'alarme bien connu des touristes qui ont visité les Alpes et l'Oberland.

La route de Skardû coupe le Deosai à peu près par le milieu, du sud-ouest au nord-est, et en sort par le col de *Burji*, d'où l'on redescend dans la vallée de l'Indus. Entre le sommet du col, situé à treize mille sept cent quatre-vingts pieds d'altitude absolue, et le bourg de Skardû, la distance est de seize milles, et la différence de niveau de six mille pieds.

Il y a en tout cent cinquante-huit milles de Sirinagar à Shardû par ce chemin, qui n'est bon que pour les piétons et pour les poneys nés dans ces montagnes, et qui ont le pied aussi sûr que les chèvres. C'est la route la plus courte et la plus sûre pour pénétrer dans le Baltistan, sauf qu'elle est totalement impraticable pendant la moitié de l'année à partir du mois d'octobre,

plus importante du même nom, affluent *direct* de l'Indus, et qui sort des glaciers du Karakoram : il sera question plus loin de celle-là.

et qu'on cite des exemples de voyageurs surpris, dès les premiers jours de septembre, par des ouragans de neige prématurés dans la traversée du Deosai, et qui y sont morts de froid. C'est ce qui est arrivé notamment à trois indigènes, le 8 septembre 1870.

Skardû, situé sur la rive gauche de l'Indus, était naguère la résidence d'un raja indépendant, dépossédé en 1840 par Gulab Singh. En face du bourg, sur la rive droite, s'élève une forteresse, vrai nid de vautours, installé sur la cime et les pentes supérieures d'un rocher isolé qui se dresse au bord du fleuve [1]. Ce burgrave du haut Indus se croyait imprenable dans son fort, et de fait, quand on l'examine sous toutes ses faces, on a peine à comprendre qu'un pareil poste ait pu être pris par escalade nocturne. Il le fut pourtant par les alertes et intrépides montagnards dogrâs de Gulab, ou plutôt de son général Zurawar [2]. Ce fut précisément du côté

[1] V. la planche ci-jointe. La configuration de ce fort offre une certaine ressemblance avec notre Château-Gaillard, près du Petit-Andely.

[2] Zurawar Singh venait de conquérir pour son maître le petit Thibet ou Ladakh, et ce fut à cette occasion que Gulab voulut s'emparer aussi de Skardû, prétendant, à tort ou à raison, que le raja fomentait des révoltes parmi les Thibétains

FORT DE SKARDU (BALTISTAN).

le plus escarpé, et par conséquent le moins surveillé de la colline, qu'eut lieu cette attaque hardie et heureuse. Les assaillants pénétrèrent dans la place par le donjon; de ce point culminant, ils dirigèrent sur le reste de la forteresse un feu plongeant dont l'effet fut aussi prompt que décisif. Deux heures après, tous les défenseurs du fort étaient tués ou pris, sauf quelques-uns qui se laissèrent glisser sur la pente du côté du fleuve, et se sauvèrent à la nage [1]. Ce castel fut ensuite réparé, et l'on eut soin d'ajouter un supplément de fortifications, du côté où les Dogrâs avaient opéré leur ascension.

Du haut de ce donjon, élevé d'environ trois cents mètres au-dessus de la plaine, on jouit d'une vue grandiose, tant en amont qu'en aval, sur l'Indus serpentant entre deux chaînes escar-

récemment annexés aux États de Jummoo et Cachemire. Gulab prenait goût aux annexions : l'année suivante, il fit entreprendre par Zurawar une expédition dans le grand Thibet. Par malheur, la qualité dominante de ce général n'était pas la prudence. Il se laissa surprendre par l'hiver dans les gorges du Thibet, et y périt misérablement avec tous ses soldats. (Novembre 1841.)

[1] Cette surprise du fort de Skardû rappelle, dans de moindres proportions, celle de Québec en 1629, et aussi celle du mont Gounib, le dernier refuge de Schamyl, en 1856. (V. *Le Caucase, la Perse et la Turquie d'Asie* [Plon], pp. 217 et suiv.)

pées, hautes de quatre à cinq mille mètres, et dont les cimes et les pentes supérieures sont toujours couvertes de neige. Du côté du nord, en face de Skardû, une brèche s'ouvre dans ce rempart de montagnes. C'est le commencement de la vallée du Shigar, et par cette brèche on aperçoit dans le lointain des cimes plus hautes encore, appartenant à la chaîne géante du Karakoram. Grossi du Shigar et du Shayok, affluent encore plus important, qu'il a reçu à quelques milles en amont du Skardû, l'Indus est déjà, à cette hauteur, un fleuve considérable. On a calculé qu'à la fonte des neiges, il faisait au moins six milles à l'heure.

Si la vallée de Cachemire semble une réminiscence du paradis perdu, le Baltistan rappelle, sauf de rares exceptions, la région nue et désolée, premier séjour de l'homme déchu. Les environs de Skardû, par exemple, sont aussi lugubres que grandioses. Aux abords immédiats de l'Indus, toute culture est impossible. Ses rives sont couvertes, jusqu'à une grande distance, de fragments de rochers et d'une épaisse couche de sable, qu'il charrie et renouvelle sans relâche dans ses débordements. Il est vrai que le sol de la vallée se relève par une pente douce et continue, à une hauteur d'environ quatre cents mètres, jusqu'à la base des montagnes. Dans la partie supérieure de cette pente, on distingue des habitations clair-semées, quelques vergers, quelques pâturages. Mais ces faibles vestiges de la présence de l'homme, resserrés entre d'énormes montagnes à pic dépourvues de verdure, et la zone des inondations, semblent réduits à des proportions lilliputiennes; maisons et vergers ont l'air de jardinets de babys (*nursery-plantations*), ou de joujoux de Nuremberg. Ce n'est pas dans de tels parages que l'homme peut se dire roi de la création. Son œuvre y paraît amoindrie, écrasée par la colossale et farouche majesté de la nature.

Malgré son titre de chef-lieu, Skardû n'est qu'un amas de constructions de la plus chétive apparence, groupées irrégulièrement sur un plateau qui domine d'environ cent cinquante pieds le cours de l'Indus. Son unique monument est ou plutôt était le palais du raja, résidence fortifiée, démantelée lors de la conquête, et qui aujourd'hui n'est plus qu'une ruine. Comme le bois est fort rare dans cette partie du Baltistan, les maisons sont bâties en cailloux et en torchis; et l'étage supérieur, où les habitants passent leur vie pendant l'été, est tout simplement monté avec des claies d'osier.

A l'époque où je visitai Skardû, tous ces étages supérieurs étaient encombrés d'abricots, que les habitants récoltent en abondance, parce que l'été, quoique court, est très-chaud dans cette région. Ils les mettent sécher au soleil, et cet article d'exportation est une de leurs principales ressources, car ils ne peuvent élever que bien peu de brebis et de chèvres dans leurs maigres pâturages, couverts de neige pendant une grande partie de l'année, brûlés pendant le reste [1]. L'hiver, leur occupation habituelle est le tissage des étoffes en poil de chèvre, dont la matière première leur vient du Ladakh. Mais, sans leurs abricots, ils auraient de la peine à vivre et à payer leurs impôts, car ils payent des impôts! C'est pour eux l'avant-goût des douceurs de la civilisation.

[1] Dans quelques parties du Baltistan, où le climat est encore plus rigoureux, on ne peut élever d'autre bétail que des yaks.

XXV

Baltistan. — Excursion dans les vallées de Shigar et de Bâsha.

Le Shigar, qui se jette dans l'Indus à la hauteur de Skardû, est formé par la réunion de deux cours d'eau torrentiels, le *Bâsha* et le *Braldû*, qui s'échappent de deux énormes glaciers. J'ai exploré en détail la vallée du Shigar et celles du Bâsha et du Braldû, qui en forment les deux branches supérieures. C'est une des courses de montagnes les plus intéressantes qu'on puisse faire dans aucun pays du monde.

La longueur totale de la vallée du Shigar proprement dite, à partir du village de ce nom, situé à quelques milles en amont de l'embouchure, est de vingt-quatre milles sur environ trois milles de large ; son altitude moyenne, de huit mille pieds. Les montagnes qui la bordent immédiatement ont bien sept mille pieds de plus ; mais, derrière ce premier rempart, surgissent çà et là des cimes bien plus élevées.

Sauf quelques places profondément ensablées et empierrées par les inondations, et où il ne pousse guère que des arbustes épineux de l'espèce *Hippophae*, cette vallée, composée en grande partie de riches terrains d'alluvion, supérieurement abritée et arrosée, est bien plus riante et plus fertile que les environs de Skardû. C'est même, à mon avis, l'endroit le plus agréable du Baltistan. Les céréales de toute espèce y mûrissent; les fruits, notamment les abricots et les fraises, y sont meilleurs même que dans la vallée de Cachemire. On y trouve aussi des platanes et des noyers de toute beauté. Le revers de la médaille, c'est que le Shigar est terriblement fort et impétueux, surtout à l'époque des hautes eaux, qui était précisément celle de mon excursion. Le passage d'une rive à l'autre devient alors une affaire assez sérieuse. Néanmoins, je passai bravement de la rive droite à la rive gauche (la plus intéressante) en face de Shigar, sur un pont flottant, s'il en fut jamais. Il se composait d'outres assujetties avec des pieux; on y était aussi secoué que dans une frêle embarcation sur une mer agitée. Telle était la violence du courant, que je voyais bondir autour de moi et ricocher sur moi des lames hautes de plusieurs pieds. Un tel passage, déjà très-difficile pour les piétons, était absolument impraticable pour les chevaux. Je me trouvai donc séparé des miens que j'avais laissés à Shigar, et ne les rejoignis que plusieurs semaines après.

Parvenu au confluent des deux branches supérieures du Shigar, je remontai celle de gauche, la vallée du Bâsha. Le terrain y est bien plus accidenté que dans la vallée principale. La partie centrale est occupée par une série de monticules, dont les flancs sont sillonnés de ravines profondes. Les hameaux et les cultures couvrent les crêtes et les pentes supérieures, qui sont au-dessus du niveau des débordements. On y voit des noyers, ce qui indique un climat encore assez tempéré. Dans certains endroits, les ravins sont de véritables précipices, hérissés de rocs isolés, qui dépassent de beaucoup la hauteur des cimes habitées. J'escaladai un de ces rocs, et je fus bien récompensé de la fatigue de cette ascension, en apercevant, à droite et à gauche, par-dessus le premier rempart de montagnes, plusieurs des plus hauts sommets du Karakoram. Vus de cet endroit, ils semblaient accumulés, pressés les uns contre les autres, et ne formaient plus qu'une seule masse à l'horizon. C'était la sublime horreur du chaos!

Sur les déclivités inférieures des contre-forts qui bordent immédiatement la vallée, on aperçoit çà et là, jusqu'à une grande hauteur, des pâturages d'été, avec des huttes de pierre pour les bergers.

Le dernier hameau, qui se nomme *Arandû*, est situé à plus de treize mille cinq cents pieds d'altitude, à l'extrémité inférieure de l'un des grands glaciers du Baltistan, celui de *Chogo*, dont sort le Bâsha. J'ai exploré ce glacier pendant trois journées entières, ce qui m'a permis de fournir, sur son étendue et sa forme des renseignements précis aux rédacteurs de la nouvelle carte de l'Inde anglaise [1].

Ce glacier, dominé de tous côtés par des escarpements neigeux, a environ vingt-cinq milles dans le sens de sa plus grande longueur. De plus, il projette, à droite et à gauche, en amont, des embranchements semblables pour la forme aux fjords de Norvége. Parmi ces fjords glacés, tributaires en quelque sorte du

[1] La carte de Survey, publiée en 1874, et dont une réduction est jointe à ce volume.

glacier central, les principaux sont, au sud, ceux que domine la masse imposante du mont Haramosh (vingt-quatre mille cinq cent quatre-vingts pieds), qui fait partie du Dârdistan, et, au nord, le glacier de *Kero,* encore plus considérable.

La superficie du Chogo est fort accidentée, principalement la partie centrale, qui, à l'époque où je l'ai visité, présentait l'étrange aspect d'un fleuve impétueux, subitement pétrifié, avec ses vagues et ses remous. Dans la partie la plus basse, les cavités sont remplies de sable et de rocs ; c'est sans doute le résultat d'éboulements de moraines, déterminés par des avalanches ou des fontes de neige. Plus haut, au contraire, les moraines sont intactes, et forment à perte de vue une sorte de bourrelet des deux côtés du glacier. J'évalue à treize mille cinq cents pieds l'altitude moyenne de la partie supérieure du Chogo, qui est aussi la plus large.

Le climat est moins rigoureux à Arandû qu'on ne pourrait le croire. On y trouve au bord même du glacier des terres cultivées. Il y croît aussi des saules et des bouleaux. Enfin, à plusieurs milles en amont, le long du glacier, il pousse de l'herbe en assez grande abondance, pendant six semaines ou deux mois, sur quelques pentes moins abruptes que les autres et mieux abritées. C'est là une bonne fortune rare dans le Baltistan: aussi les habitants d'Arandû s'empressent de conduire leurs bestiaux à ces pâturages, en côtoyant le glacier. J'ai suivi dans mon exploration le même chemin : il n'est pas des plus commodes, bien qu'assurément les pierres n'y fassent pas défaut. On marche tantôt sur la moraine, tantôt sur une espèce de corniche naturelle, praticable en quelques endroits à la base des rochers. Plus haut, il faut passer sur le glacier lui-même, sillonné de crevasses nombreuses, mais peu profondes, et qu'il est aisé d'éviter ou de franchir. Plus on monte, plus la surface du glacier devient unie et le chemin facile.

La région montueuse et inhabitée qui confine à l'extrémité supérieure du glacier n'a été encore visitée que par le major Godwin Austin, l'un des collaborateurs de la grande carte, et par un ou deux sportsmen, qui y ont trouvé des traces d'ours et même de léopards.

XXVI

Excursion dans la vallée de Braldû. — La plus haute montagne du globe après le mont Everest. — Le col de Mustagh. — Les brigands du Karakoram. — Le district de Rondû.

La vallée du Braldû, branche supérieure orientale du Shigar, m'offrit à peu près le même aspect que celle que je venais de parcourir. Mais le glacier de Baltoro, dont sort le Braldû, est encore plus grand que celui de Chogo, et confine aux montagnes les plus élevées de la chaîne de Karakoram. Deux de ces montagnes, au sud du glacier, ont près de sept mille huit cents mètres. Au nord, se dressent le mont *Gusherbrum*, qui en a huit mille cent quatre-vingt-sept (vingt-six mille trois cent soixante-dix-huit pieds), et la fameuse cime encore innomée (K. 2, sur la carte de Survey), qui atteint la hauteur de vingt-huit mille deux cent soixante-cinq pieds (huit mille six cent vingt-cinq mètres). C'est la plus haute des États du Maharaja, et l'on n'en connaît jusqu'ici dans le monde entier qu'une seule qui la surpasse, le célèbre Gaurisankar (mont Everest) dans le Népaul (Himalaya) [1].

Ce géant anonyme de Karakoram est placé au fond d'une des ramifications les plus inaccessibles du glacier de Baltoro, celle qui s'enfonce le plus avant dans le nord. Aussi il est impossible de l'approcher, et même difficile de le bien voir de loin, parce que la vue en est interceptée presque de partout par des cimes intermédiaires.

C'est de la vallée de *Turmik,* à plus de soixante-dix milles au sud-ouest de cette montagne, que j'ai pu la contempler dans toute sa sauvage grandeur, et en prendre un croquis [2]. Elle forme un des angles saillants de la grande chaîne du côté du nord. Sa cime se partage en deux aiguilles assez semblables à celles des Jorasses dans le mont Blanc, vu du côté du Buet. L'une de ces aiguilles incline à gauche, au-dessus d'effroyables escarpements. Celle de droite, un

[1] Cette montagne anonyme, mesurée en 1861 par le major Montgomerie, est celle qui se trouve désignée à tort dans plusieurs livres français sous le nom de *Dipsang* ou *Dapsang*. Cette dénomination est celle d'un plateau situé dans l'est, à plus de cent milles de là.

[2] Le Turmik se jette dans l'Indus à vingt milles environ au-dessous de Skardû.

peu moins haute, se relie par une longue crête dentelée à une autre cime également de premier ordre (K. 3), dont l'élévation n'a pu encore être exactement calculée. Celle-là s'élève à dix milles de l'autre dans le sud-est, fort près du mont Gusherbrum, dont elle n'en peut être qu'un double sommet. D'après les calculs les plus récents, les plus hautes montagnes du globe devraient donc être classées dans l'ordre suivant :

Gaurisanker	8,840	mètres.
K².	8,625	—
Kinschinjunga	8,588	—
Nangâ Parbat	8,210	—
Gusherbrum	8,187	—
Dawalagiri	8,180	—

Ce dernier mont, longtemps réputé le plus élevé de tous, se trouve relégué aujourd'hui au sixième rang. Dans notre siècle, les montagnes elles-mêmes ne sont plus sûres de leur royauté.

Jusqu'en 1863, les communications commerciales de l'Inde avec l'Yarkand (Turkestan) avaient lieu fréquemment à travers le Karakoram par la vallée de Braldû, le glacier de Baltoro et le col de Mustagh, haut de dix-huit mille trois cents pieds, situé à dix milles environ à l'ouest de la montagne géante. Cette traversée, qu'accomplissaient les caravanes avec des convois d'yaks et de poneys, est peut-être le tour de force le plus prodigieux que l'amour du gain, l'*auri sacra fames,* ait jamais fait faire à des hommes. Le col n'est accessible que pendant quelques semaines de l'été. Plus tôt ou plus tard, hommes et bêtes disparaîtraient bientôt dans des précipices ou des crevasses, dissimulés par la neige. C'est seulement dans le court intervalle qui sépare la fonte des anciennes neiges de la chute des neiges nouvelles, que ces accidents de terrain sont visibles, et qu'on peut les éviter ou choisir les meilleurs endroits pour les franchir. Dans certains passages, on hissait les bêtes de somme, au moyen de cordages, par-dessus des abîmes. C'est surtout en venant du Yarkand que l'escalade du col présente les plus grandes difficultés. Les marchands voyageurs étaient obligés de s'attacher tous ensemble avec des cordes, comme font les guides et les touristes dans les plus périlleuses ascensions des Alpes. Aucun Européen n'a encore passé au col de Mustagh.

Le reste du voyage à travers le Baltistan offrait des difficultés et des périls d'un autre genre, mais non moins sérieux. D'abord, le seul moment favorable pour passer le Mustagh est précisément celui où la descente sur Skardû par les vallées de Braldû et de Shigar est impraticable pour les bêtes de somme, à cause des débordements occasionnés par la chute des neiges. Ainsi l'on a vu plus haut que j'avais dû laisser mes chevaux de l'autre côté du Shigar, et passer cette rivière à pied. Souvent même les communications étaient absolument interrompues entre les deux rives. Les caravanes étaient obligées de stationner au pied du col en attendant la baisse des eaux. On conduisait les poneys et les yaks dans certains endroits abrités, où il pousse de l'herbe pendant quelques semaines, comme au glacier de Chogo.

C'était le moment que choisissaient pour entrer en scène les pillards du Hunza, qui habitent sur l'autre revers de la grande chaîne, et que nous avons déjà vus à l'œuvre dans le Dârdistan. Ces industriels arrivaient par des passages de montagnes connus d'eux seuls, et par un immense glacier plus grand que le Baltoro et le Chogo réunis, qui confine d'un côté à leur pays, de l'autre au col de Mustagh. Ils faisaient main basse sur les marchandises, sur les quadrupèdes et aussi sur les bipèdes, qu'ils emmenaient en esclavage.

Tel fut le sort d'une dernière caravane qui

revenait en 1863 par cette route dangereuse. Le retour de cette caravane était annoncé lors de mon passage à Skardû, et je m'étais fait une fête d'aller à sa rencontre par le glacier, praticable dans cette saison jusque dans le voisinage du col. Attaqués par des forces supérieures, les voyageurs durent tout abandonner, et chercher, ainsi que moi, leur salut dans la fuite. Nous fûmes poursuivis longtemps et de très-près. Je fus du petit nombre de ceux qui parvinrent à s'échapper ; on n'a plus jamais entendu parler des autres.

Ce fut précisément à l'occasion de cet exploit des « indomptables » du Hunza que le Maharaja entreprit contre eux une *punitive expedition*. Mais, comme on l'a vu précédemment, on ne put les forcer dans leurs repaires ; et l'insuccès de cette entreprise détermina en 1866, dans tout le Yaghistan, la nouvelle levée de boucliers qui faillit faire reperdre encore une fois Gilgit au Maharaja [1].

Toutes ces difficultés accumulées, et la découverte de voies de communication relativement plus faciles, ont fait abandonner, probablement

[1] V. ci-dessus, chap. xx.

pour toujours, cette route par trop pittoresque. Depuis 1863, aucune caravane n'a reparu au col de Mustagh [1].

En 1870, le raja de Hunza, ennuyé de cet état d'hostilité permanente, ou peut-être de n'avoir plus de caravanes à piller, a envoyé à Jummoo des émissaires chargés de propositions pacifiques. Cette ouverture a été favorablement accueillie, mais j'ignore ce qui en est advenu.

Après les vallées que je viens de décrire, la partie la plus intéressante du Baltistan est le district de Rondû, qui occupe la partie de la vallée de l'Indus la plus resserrée entre les montagnes, entre le district de Skardû et la frontière du territoire de Gilgit (Dârdistan).

Le premier village important au-dessous de Skardû est *Katsura*, situé au confluent de l'Indus et d'une rivière assez forte nommée comme le village; elle prend sa source dans les montagnes qui bordent le plateau de Deosai. Sur la rive gauche de la Katsura, on voit un petit lac dont les eaux, sans doute alimentées par des communications souterraines, baissent en hiver

[1] Les frères Shlaginweit avaient signalé dans le grand Thibet un col encore plus élevé que celui-là (col d'Ibi-Ganmin, six mille deux cent quarante mètres), déserté aussi à cause des brigands. (T.)

et haussent en été. Il y a là des facilités exceptionnelles d'irrigation qui profitent singulièrement à la culture et à la végétation ; les fruits y mûrissent à merveille et sont d'excellente qualité. On remarque dans les environs de Katsura d'énormes accumulations de débris qui semblent le résultat de l'effondrement d'un grand glacier, peut-être de celui qui couvrait jadis le plateau de Déosai. J'ai mesuré l'un de ces fragments de rochers, qui n'avait pas moins de cent quarante pieds de long sur quarante d'épaisseur.

Le trajet entre Katsura et le village suivant, nommé *Bâsho,* n'est rien moins que facile. La route domine l'Indus de plusieurs centaines de pieds. On chemine tantôt en corniche, tantôt sur des planchers assez mal étayés. Bâsho est situé en plein midi, dans un angle rentrant formé par la vallée. Placé dans des conditions d'abri exceptionnelles, ce petit coin de terre produit des fruits de toute espèce, notamment une variété de raisin blanc exquise, qui est la principale richesse du pays. Les pentes supérieures de la montagne qui s'élève derrière Bâsho sont couvertes de futaies de pins *excelsa* qui commencent à neuf mille pieds d'altitude, et se prolongent fort au-dessus.

Au-dessous de Bâsho, l'Indus s'engage dans une gorge absolument inaccessible. Il faut, pour gagner Rondû, gravir une rampe escarpée d'environ quatre mille pieds, et redescendre par une pente non moins roide. Du sommet de cette côte, on jouit d'un panorama de montagnes grandiose ; on aperçoit plusieurs pics hauts de seize à dix-huit mille pieds. A l'époque de la conquête du Baltistan, les habitants de Rondû avaient occupé ce passage, où il suffirait d'une centaine d'hommes pour arrêter une armée entière, mais les Dogrâs parvinrent à tourner ces nouvelles Thermopyles.

Je crois devoir noter ici une circonstance curieuse, que je recommande à l'attention des savants qui s'occuperont de la géographie physique de ces contrées. Dans ce trajet de Bâsho à Rondû par la rive gauche de l'Indus, justement à l'opposite du débouché de la vallée de Turmik sur l'autre rive, je remarquai que le sol était couvert d'une grande quantité de schiste et de granit de forme ronde, ayant été évidemment charriés et ballottés par les eaux. Le chef du village de Bâsho, qui m'accompagnait, m'affirma que l'Indus roulait des cailloux absolument semblables à ceux-là. Or, nous chevauchions alors sur un terrain des plus arides, à mille mètres au-dessus du fleuve. Tout est colossal dans ces régions. L'importance des cataclysmes est en rapport avec celle des montagnes.

Après la grande côte, il faut encore en monter et en descendre plusieurs autres moins hautes, mais très-rapides, avant d'atteindre Rondû (six mille sept cents pieds d'altitude). La situation de ce village est on ne peut plus originale. Il occupe plusieurs corniches étroites superposées, adossées à une paroi verticale et communiquant ensemble par des escaliers; de façon qu'à quelque distance, les maisons ont absolument l'air d'être rangées sur les tablettes d'une étagère. Le tout est comme suspendu à une grande hauteur au-dessus de l'Indus; mais les habitants ont à leur disposition une source qui leur arrive d'en haut par une ravine, et dont l'eau est captée dans des conduits, qui la distribuent dans chaque maison.

Avant la conquête, Rondû était la résidence d'un raja vassal de celui de Skardû, et dont la famille, comme celles de tant d'autres princes dépossédés, vit aujourd'hui d'une pension du gouvernement britannique. L'ancienne habitation de ce raja occupe un petit plateau complétement séparé du village. C'est une curieuse construction, moitié bois, moitié pierre, comme l'ancien palais des rajas de Bhadarwah. L'Indus passe à plusieurs centaines de pieds au-dessous du village, dans une tranchée de rocs perpendiculaires. Il y a entre les deux rives une différence de niveau assez forte ; ce qui n'a pas empêché d'y jeter un de ces ponts en baguettes de bouleau dont j'ai déjà plusieurs fois parlé. Celui-là n'a pas moins de trois cent soixante-dix pieds de long, et les abords en sont si escarpés, si glissants, que dans plusieurs endroits il a fallu mettre des échelles.

Les Bâltis (habitants du Baltistan) sont des Thibétains convertis à l'islamisme. Ils ont tous les signes physiognomoniques de la race touranienne : mâchoire saillante, nez aplati, yeux bridés des coins, et les femmes n'ont rien à envier aux hommes en fait de laideur. Dans quelques localités, notamment dans ce village de Bâsho dont nous parlions tout à l'heure, on rencontre des physionomies plus avenantes ; ce sont des métis croisés de Bâltis et de Dârdis. C'est une population douce, patiente et facile à gouverner.

Depuis qu'ils sont mahométans, les Bâltis ont

renoncé à la *polyandrie,* toujours en usage chez leurs congénères bouddhistes du Ladakh ; mais ils n'ont pas été jusqu'à la polygamie. Comme la zone de culture est restreinte chez eux dans des limites étroites et infranchissables, un certain nombre d'habitants émigrent tous les ans de cette rude contrée. Les uns vont dans le Yarkand, où ils s'occupent de la culture du tabac. D'autres se sont engagés dans l'armée du Maharaja. On a même formé un régiment spécial du Baltistan, pour lequel on a jugé à propos d'adopter l'ancien costume des highlanders écossais [1].

Rien n'égale la passion de ces montagnards pour le jeu de paume à cheval (*game of polo*). Dans toutes les localités un peu considérables du Baltistan, on trouve un espace réservé pour ces exercices, espace auquel on est souvent obligé

[1] A propos du voyage du prince de Galles et de sa visite à Jummoo, les *reporters* ont signalé la variété fantaisiste des uniformes cachemiriens. « Quelques compagnies ressemblaient à des guerriers du moyen âge ; d'autres portaient des casques empanachés comme ceux des *horseguards;* certains fantassins se pavanaient dans des uniformes rouges et sous des shakos européens surannés. Quelques troupes avaient conservé le costume indigène, turban et tunique. Parmi celles-ci, on admira surtout un caporal tout fier d'avoir conservé sur le pan de sa tunique neuve la marque de fabrique et le mot *superfine,* imprimé sur la lisière de la pièce. (*Sur Terre et sur Mer,* t. I, p. 380.)

de donner les formes les plus bizarres, par suite des accidents du sol. Souvent il consiste dans une bande de terrain longue et étroite, limitée par des rochers à pic ou des précipices. Dans de telles conditions, il faut de véritables prodiges de dextérité pour faire évoluer les poneys, lancer et recevoir les balles. Tous les amateurs de ce jeu, qui sont assez nombreux dans l'Inde anglaise, devraient aller prendre des leçons des Bâltis. Ils y mettent d'ailleurs beaucoup d'amour-propre. Les grandes parties de paume ont un accompagnement musical. Une sorte d'orchestre, composé de deux tambours, d'un fifre et d'une longue trompette, célèbre les exploits des vainqueurs et *charivarise* les vaincus. Seulement les symphonies triomphales ne sont guère plus mélodieuses que les autres.

[C'est évidemment au Baltistan, et non au Ladakh, que doit se rapporter ce que dit Bernier d'un raja du « petit Thibet », tributaire d'Aureng-zeb, et qui était venu lui rendre hommage pendant son séjour à Cachemire en 1669. Bernier lui entendit raconter que son pays était voisin du grand Thibet, du côté de l'orient... ; que, dans quelques parties, il produisait de fort bons fruits ; que l'hiver y était fort long et rude;

enfin, *que le peuple, autrefois idolâtre, avait embrassé la secte persane du mahométisme.* Aujourd'hui encore, en effet, les Bâltis sont mahométans de la secte d'Ali.]

XXVII

LADAKH. — Route de Sirinagar à Leh.

De toutes les provinces de S. H. Renbîr-Singh, le Ladakh ou petit Thibet est celle que je connais le plus à fond. J'en avais visité quelques parties dès 1862, et j'y ai résidé comme gouverneur, de 1869 au mois de janvier 1872.

La route de Sirinagar à Leh, chef-lieu du Ladakh, par le col de Drâs, mérite d'être signalée comme l'une des plus pittoresques dans ces contrées où, comme on l'a vu jusqu'ici, le pittoresque ne fait pas défaut.

La première étape, en partant de Sirinagar (quatorze milles), se fait en bateau par le lac Dal et le *Sind,* jusqu'à Gandarbal, endroit où cette rivière, la plus considérable du pays de Cachemire après le Jhélam, cesse d'être navigable.

La vallée du Sind, qu'on remonte jusqu'à la

région des hautes montagnes, ne le cède en rien à la vallée principale pour la beauté et la variété des points de vue. Les nombreux villages qu'on rencontre sont entourés de noyers magnifiques; les habitations presque enfouies sous des massifs d'arbustes parfumés. Dans ce bienheureux pays, les jasmins, les rosiers, les chèvrefeuilles poussent spontanément, comme chez nous la ronce et l'ortie.

Cette idylle fleurie se prolonge jusqu'à Gagangîr, village situé à sept mille quatre cents pieds d'altitude, et à cinq journées de marche de Sirinagar. En cet endroit, il semble qu'on franchisse une des sorties du paradis terrestre. La vallée se rétrécit tout à coup; arbres et fleurs disparaissent. On commence à voir de plus près les monts sourcilleux qui, jusque-là, ne figuraient qu'au dernier plan pour l'agrément du paysage.

Après avoir franchi une gorge encombrée de roches, passage assez pénible pour les chevaux, on débouche dans une contrée plus ouverte nommée *Sonâmarg*, ce qui veut dire « pays riant ». Il peut paraître tel, en effet, à ceux qui parcourent cette route en sens inverse. C'est une succession de petits vallons remplis d'herbe et de fleurs sauvages, traçant des méandres capricieux au milieu d'un dédale de monticules, dominé par des cimes hautes de dix-sept à dix-neuf mille pieds. Le terrain continue à monter ; au village de Sonâmarg, situé au milieu de ce labyrinthe (cinquante-neuf milles de Sirinagar), on est déjà à la hauteur de huit mille six cent cinquante pieds.

Il y a non loin de là, au-dessus du village de Thâjwaz, à dix mille pieds seulement d'altitude, un glacier fort curieux par la beauté de sa forme, et sa situation à un niveau relativement peu élevé. Un des plus beaux sites, sur cette route, est l'arrivée de Baltal, la dernière étape avant le col de Drâs. Dans cet endroit, le chemin semble aboutir à une impasse infranchissable. Les derniers contre-forts à pic d'une énorme montagne zébrée de glaciers, le *Gwash-brari* (dix-sept mille huit cent trente-neuf pieds), qui s'aperçoit de la vallée de Cachemire, barrent la route au Sind, et l'obligent de faire une brusque inflexion du sud à l'ouest.

C'est là aussi que la route de Leh, qui jusque-là n'avait cessé de longer cette rivière, l'abandonne pour gravir une pente escarpée qui mène au col que les Hindous nomment *Drâs* et les Thibétains *Zoji* (onze mille trois cents pieds). Le chemin est suspendu en corniche au-dessus d'une vaste et profonde ravine qui se prolonge en amont jusqu'au col, et par laquelle on passe de préférence lorsqu'elle est comblée par la neige, et que celle-ci offre assez de consistance. Du haut de cette montée, on embrasse un horizon de montagnes d'au moins cent milles d'étendue.

On quitte en ce lieu le bassin du Jhélam pour celui de l'Indus supérieur, auquel appartient le Drâs, qui prend sa source sur le revers opposé du col. Le niveau de la vallée du Drâs, dans laquelle on descend, est bien plus élevé que celui de la région qu'on vient de quitter; aussi la rampe de ce côté est moins longue et moins pénible.

Pendant trois jours, on chemine dans un pays triste et pauvre, qui ressemble beaucoup aux plateaux du Jura et de la forêt Noire. A partir de l'étape de *Taschgâm* (cent quinze milles de Sirinagar), où on laisse à gauche un embranchement qui mène à Skardû, la vallée se resserre, et, à quelques milles plus loin, on arrive au confluent du Drâs avec un cours d'eau plus considérable appelé le *Shingo-Shigar*, du nom de ses deux branches supérieures, dont l'une descend du plateau de Déosai.

Le paysage prend alors un caractère sinon plus gai, du moins plus grandiose, notamment à la hauteur de la vallée de *Kharkit*, qui vient déboucher dans celle du Shingo-Shigar. Cette gorge est un des plus beaux décors de mélodrame qu'on puisse rêver. Elle forme un angle presque droit avec la vallée principale ; cette disposition permet d'y suivre du regard, à plusieurs milles de distance, la perspective d'une double rangée de montagnes à sommets aigus ou dentelés, hautes de dix-sept à dix-huit mille pieds, allongeant de part et d'autre, à des intervalles presque réguliers, de gigantesques arcs-boutants semblables à des pattes de monstres antédiluviens, entre lesquels le torrent s'échappe.

Sur les pentes inférieures de ces monts thibétains, le cèdre *deodora* et le pin *excelsa* sont remplacés par des genévriers arborescents (*Juniperus excelsa*), arbre de grandeur médiocre, mais d'une physionomie originale. « Il offre l'aspect d'une pyramide compacte et régulière, surmontée d'une flèche effilée d'un vert pâle et blanchâtre. Le tout fait penser aux formes sveltes et délicates de nos clochetons gothiques [1]. » Le

[1] C. de Kirwan, *les Conifères* (Rothschild), t. II, p. 177.

dessous de ces arbres est égayé par des buissons de *myricarias* (tamarix) et de rhododendrons, qui produisent un délicieux effet au printemps. On retrouve là, croissant spontanément, la plupart des belles variétés de cet arbuste, qui font aujourd'hui l'ornement de nos jardins paysagers de l'Europe.

Entre *Chanegund* et *Kargil*, on passe dans la vallée du *Suru*, affluent direct de l'Indus, et qui sort des glaciers des deux fameuses montagnes jumelles *Nun* et *Kun* [1].

L'étape de Kargil (cent trente-neuf milles de Sirinagar), situé au confluent du Suru et de la *Wakha*, est le point où se réunissent deux des principaux chemins qui mettent le Ladakh en communication avec les grands États du Maharaja : celui du Cachemire, que nous venons de décrire, et celui de Jummoo par Kishtwar [2]. Kargil n'est pas un bourg, mais une collection de petits villages ou hameaux très-rapprochés les

[1] V. ci-dessus, chap. xv.

[2] Ce chemin, en partant de Kishtwar, remonte la gorge du Marû Wardwan qui forme la fameuse cascade (v. chap. xi), et pénètre dans le Ladakh par un col plus élevé et plus escarpé que celui de Drâs (col de *Bhotkol*, quatorze mille trois cent soixante-dix pieds d'altitude). Aussi il n'est praticable que pendant six mois de l'année, et jamais pour les bêtes de somme. On peut aller aussi de Kishtwar à Leh, chef-lieu du

uns des autres, avec des cultures et des vergers en terrasses. Bien que ces villages soient encore à huit mille neuf cents pieds d'altitude moyenne, la température y est sensiblement plus chaude que dans toute la région parcourue depuis le col de Drâs.

A Kargil, la route de Leh tourne au sud-est, et remonte pendant une vingtaine de milles la vallée de la Whaka. A la station de *Shargol* (cent vingt milles de Leh), village moitié mahométan et moitié bouddhiste, on rencontre la première *lamaserie*. L'islamisme faisait de grands progrès de ce côté avant la conquête de Ladakh. Ce mouvement est aujourd'hui arrêté, par suite de la protection qu'accorde à l'ancien culte le Maharaja, qui, à tort ou à raison, n'a qu'une confiance assez médiocre dans ses sujets musulmans. Il leur préfère les bouddhistes, dont la religion se rapproche davantage de la sienne.

Ladakh, par Bhadarwâh, le col d'Umasî-Lâ et la vallée de Zanskar. Cette communication, que nous avons décrite précédemment en partie (v. chap. XI), est plus courte de quelques milles que celle par Kargil, mais encore plus difficile, le col d'Umasî-Lâ (dix-sept mille trois cent soixante-dix pieds) n'étant accessible que pendant quatre mois de l'année. De tous ces chemins, le plus facile est celui de Sirinagar. C'est le seul qui reste ouvert pendant sept mois, et par lequel les bêtes de somme puissent passer.

A partir de Shargol, on chemine en plein pays bouddhiste; ce ne sont plus que lamaseries et autres monuments publics de ce culte. Entre cette station et la suivante, on rencontre une figure de Bouddhâ d'environ vingt-cinq pieds de haut, sculptée en ronde bosse dans un rocher près du chemin. Ce n'est pas cette figure que j'ai dessinée, mais une autre semblable et beaucoup mieux conservée qui se trouve non loin de là, dans la vallée de Suru. Le fondateur du bouddhisme est représenté dans l'attitude du commandement ou de l'enseignement, un bras étendu, l'autre replié sur la poitrine, la tête couverte d'une sorte de bonnet pyramidal.

La route continue de monter, et franchit successivement deux cols qui, malgré leur attitude absolue de plus de treize mille pieds, passent presque inaperçus, n'étant que de simples dépressions dans des chaînes calcaires dont l'élévation, par rapport aux plateaux adjacents, ne dépasse pas deux mille pieds.

A l'entrée de Lâmayûrû (quatre-vingt-deux milles de Leh), la route passe sous une sorte d'arc de triomphe en briques d'une forme originale, mais non disgracieuse. Il est composé d'une série de piédestaux de diverses formes,

BOUDDHA SCULPTÉ DANS LE ROC (LADAKH).

(P. 260.)

dont le premier fait arcade. Le plus élevé supporte une colonne cannelée, surmontée d'un chapiteau dont le couronnement est un croissant avec deux boules superposées.

On trouve de ces monuments, nommés dans le pays *Kâgânts,* et d'un caractère évidemment religieux, dans le voisinage de toutes les lamaseries importantes, comme l'est celle de Lâmayûrû, placée sur une éminence près du village. Ce monastère bouddhiste, l'un des plus considérables du Ladakh, offre des singularités bizarres de construction. Dans le sous-sol, composé tantôt de roches, tantôt d'un sable d'alluvion très-dur, il existe çà et là des creux profonds, au-dessus desquels les constructions se prolongent. Une partie du couvent repose sur de grosses pièces de bois, placées en travers de ces abîmes.

A partir de Lâmayûrû, la route, qui depuis longtemps suivait à travers les montagnes une ligne parallèle à l'Indus, descend droit sur ce fleuve en côtoyant la *Reoka,* affluent torrentiel dont le cours est très-peu étendu, mais le volume d'eau considérable. Cette gorge est tellement étroite, que la berge du torrent n'offrait pas toujours un espace suffisant pour le chemin.

Il a fallu construire à plusieurs places des espèces de galeries de bois, et faire passer et repasser trois fois la route d'un bord à l'autre. C'est un travail solide et bien entendu, qui fait honneur aux indigènes.

On parvient enfin à l'Indus, qui, à cette hauteur, n'a pas plus de vingt à vingt-cinq mètres de large, et on le franchit sur un pont de bois, en face de *Khalsi* (soixante-sept milles de Leh). Le reste du chemin se fait, suivant la saison, en côtoyant immédiatement le fleuve, ou par une série de plateaux supérieurs, d'où l'on aperçoit presque constamment, sur la gauche, les montagnes granitiques qui séparent la vallée de l'Indus de celle où court, parallèlement à lui, l'un de ses plus forts affluents, le Shayok. La route d'en haut passe par un endroit nommé *Himisshukpâ,* où l'on remarque un phénomène végétal presque comparable aux cèdres légendaires du Liban, et aux monstrueux wellingtonias de la vallée de Calaveras [1]. On voit à Himisshukpâ une centaine de cèdres deodoras, dont les moindres ont de six à sept mètres de tour,

[1] V. *Pékin, Yeddo, San Francisco,* par M. le comte DE BEAUVOIR (Plon), p. 313.

UN KAGANI (MONUMENT RELIGIEUX). LADAKH.

(P. 262.)

et les plus gros jusqu'à onze. Ces arbres sont l'objet d'un respect religieux dans toute la contrée ; on craindrait, en y touchant, de provoquer le courroux céleste. Nous connaissons, ailleurs qu'au Thibet, des superstitions plus déraisonnables que celle-là.

On voit aussi dans ce lieu les débris d'un fort du dix-septième siècle, dont les remparts étaient construits d'un sable d'alluvion aussi dur que de la pierre.

On passe ensuite par un village nommé *Yangthang*, créé il y a vingt-cinq ans par un lama ami du progrès, ce qui ne se rencontre pas tous les jours. Cet homme de bien, non content de bâtir dans la vallée une lamaserie qui contient soixante-dix religieux, fit défricher le plateau, y amena des conduites d'eau, et y installa des cultivateurs qui sont habillés et nourris aux frais du monastère.

La route d'en bas et celle d'en haut, qui s'étaient séparées à Khalsi, se confondent au village de *Bâzgo*. Au delà de ce village, on côtoie l'Indus à travers une série de plateaux et de ravins, où apparaissent à chaque pas des témoignages non équivoques des débordements du fleuve. On chevauche pendant plusieurs milles à travers un désert de sable et de débris rocheux, sans apercevoir seulement un brin d'herbe. Le dernier endroit habité avant Leh se nomme *Pitâk*. On y voit, au sommet d'un rocher, une lamaserie fortifiée, et immédiatement au-dessous, disposées en étages sur la pente, les plus vieilles maisons du village. Ce n'est que de nos jours que les habitants du Ladakh, n'ayant plus la frayeur incessante d'être envahis, ont renoncé à l'usage d'habiter exclusivement les endroits escarpés et d'un accès difficile.

XXVIII

Ville de Leh. — Habitants du Ladakh. — Rareté du combustible. — Mœurs et coutumes. — Polyandrie. — Lamaseries.

Leh est situé à onze mille cinq cents pieds d'altitude, au sommet d'un plateau incliné de forme triangulaire, dont les deux côtés supérieurs sont formés par de hautes montagnes, et la base par l'Indus. Le principal édifice est le palais des anciens souverains, bâti sur un contre-fort qui domine la ville, et dominé lui-même par une lamaserie et par quelques tours, restes des anciennes fortifications. Leh est divisé en haute et basse ville. La première, placée immédiatement au-dessous du palais, est l'ancienne cité thibétaine, dédale de ruelles escarpées et tortueuses. L'autre est la ville neuve, bâtie depuis la conquête. C'est là aussi que se trouve le bazar : les maisons y sont plus confortables, plus espacées ; on y sent déjà l'influence européenne.

Les habitants de Ladakh ont, comme ceux du Baltistan, tous les traits distinctifs de la race touranienne, qui n'est rien moins qu'un type du beau idéal, suivant nos idées d'Europe. La principale pièce du costume masculin est une longue et large capote de gros drap, fixée à la taille par une écharpe, avec une très-bizarre coiffure, qui ressemble au long bonnet des lazzaroni napolitains et même au classique bonnet de coton normand, sauf que le bout très-allongé, qui retombe de côté, est arrondi au lieu de finir en pointe. Les femmes ont des robes à bandes verticales, alternativement vertes et bleues. Leurs cheveux sont rattachés avec des bandes de drap, ornées de plaques de métal ou de turquoises brutes. Elles portent, de même que les hommes, des guêtres de gros drap et des bottines à semelles d'une grande épaisseur, précaution indispensable contre la neige et les cailloux.

Je n'ai pas retrouvé dans ce pays de divisions de castes comme chez les Hindous. Cependant les musiciens et les forgerons y forment une catégorie à part, objet d'un mépris général, et les autres habitants ne contractent jamais d'alliance avec eux. Ces parias thibétains se nomment *Bems*. Les lamas ne forment pas une caste à part. Ils se recrutent, comme notre clergé, dans toutes les classes de la société, et leur office n'est pas héréditaire.

On voit aussi, dans quelques parties du Ladakh, une race particulière d'émigrants nomades, mendiants de profession, qu'on nomme *Khambas,* parce qu'ils viennent, dit-on, d'une partie du grand Thibet nommée *Kham*. Ils parlent un dialecte qui n'est pas le même que celui des habitants du pays, mais qui néanmoins n'en diffère pas assez pour les empêcher de se faire comprendre. Ces individus voyagent avec leurs femmes et leurs enfants; ils logent exclusivement dans des tentes très-basses où l'on ne peut tenir que couché ou assis, et qu'ils transportent avec eux à dos de chèvre. Lorsque j'étais gouverneur du Ladakh, j'ai essayé de donner à quelques-unes de ces familles des goûts sédentaires, en leur concédant gratuitement des lots de terre. Ces pauvres gens se sont mis de bonne grâce à la culture, mais je n'avais pu encore les faire renoncer à leurs tentes.

Il y a aussi dans le Ladakh quelques colonies de Dârdis, de Baltis, et des métis de Cachemiriens et de Dogrâs courageux avec des femmes du pays! Ces métis, qui sont très-reconnaissables, se nomment *Ghulamzados,* c'est-à-dire esclaves nés. Telle était en effet leur condition autrefois; ils appartenaient de droit au souverain. Mais j'ai eu la satisfaction de proclamer leur affranchissement, d'après les ordres de S. H. Renbîr-Singh.

Je dois dire, du reste, qu'il est rare que ces croisements donnent de bons résultats. Ces métis ont généralement les défauts des deux races, sans leurs qualités.

Presque tous les Ladakhîs sont cultivateurs. Il n'y en a que très-peu de marchands et d'artisans; ainsi, la plupart des boutiquiers du bazar de Leh sont des métis ou des étrangers. Ils cultivent le froment (avec le secours de l'irrigation) jusqu'à onze mille cinq cents pieds d'altitude, l'orge jusqu'à quinze mille, mais le climat est trop froid pour la culture du riz, et le maïs n'y mûrit que dans les jardins. On emploie comme animaux de labour les vaches et les yaks. La farine d'orge est presque la seule nourriture des pauvres gens, et les seules boissons usitées sont la bière et le thé.

L'un des pires désagréments de ce pays, c'est la rareté du combustible, objet de première nécessité dans un pareil climat. Il y a pourtant diverses variétés de conifères dans certaines parties des montagnes, et des saulaies dans quelques ravines; mais on ne les utilise guère que sur place, à cause de la difficulté des transports. Ce qu'on brûle le plus habituellement, c'est de la fiente de bétail, et des fagots de l'arbuste nommé *Eurotia* (Burtse). On trouve aussi des plantations de peupliers le long des eaux, mais elles sont encore rares. Pour construire le bazar de Leh, on a sacrifié un certain nombre de gros arbres de cette espèce qui entouraient une des grandes lamaseries. J'aurais eu bien de la peine à en retrouver assez dans toute l'étendue de mon gouvernement pour une autre construction de cette importance.

Les maisons sont bâties en pierre ou en briques crues, blanchies avec soin, avec des balcons ou portiques en saillie. Elles sont, en général, tenues bien plus proprement que leurs habitants. Dans toutes les demeures de gens aisés, on trouve un oratoire et une salle de réception tapissée.

Le palais de Leh est un édifice fort curieux, mais qu'on ne peut visiter qu'avec précaution. C'est un assemblage de pièces de toutes les grandeurs et de toutes les formes, reliées entre elles par des couloirs bas et obscurs, dont aucune n'est de plain-pied. Dans les pièces de réception, le foyer est au milieu, avec une grande ouverture ronde au-dessus pour la fumée. Le toit de ces grands appartements est supporté par des piliers ornés de riches peintures.

Cette population diffère radicalement, au moral comme au physique, de celle du Cachemire; elle est en général aussi placide que l'autre est turbulente. Ces Ladakhîs sont vraiment les meilleures gens du monde, quand ils ne se grisent pas avec leur *chang*, sorte de bière très-capiteuse. C'est une race robuste, infatigable, et le beau sexe, sous ce rapport, ne le cède en rien à l'autre. Dans mes tournées administratives, j'ai vu souvent des femmes employées au transport de mes bagages faire gaillardement, sans désemparer, des trajets de cinquante kilomètres et plus avec un poids de trente kilogrammes sur le dos, en chantant à plein gosier tout le long du chemin.

Mais il n'y a rien de parfait au monde! Je dois avouer que mes administrés des deux sexes avaient le léger défaut de ne laver jamais ni leurs vêtements ni leurs personnes. On m'a dit pourtant qu'ils se baignaient une fois l'an; mais je crois qu'on exagérait.

Les femmes jouissent de la plus entière liberté. La *polyandrie* est d'un usage général, comme au grand Thibet; ainsi, dans une famille, plusieurs frères n'ont qu'une seule femme, dont les enfants appellent indistinctement *papa* tous les maris de leur mère. Mais ce n'est pas tout : à ces époux du même sang, la femme ajoute parfois un étranger, sans qu'on y trouve à redire. J'en ai connu une qui, déjà mariée à trois frères, s'était annexé un voisin, ami de la maison, comme quatrième époux. C'est dans des considérations économiques qu'il faut chercher l'explication, sinon l'excuse de cette coutume étrange. Elle met obstacle à la division des héritages, à la misère, à la famine, en empêchant la population d'augmenter dans un pays où il ne reste plus rien à défricher, et où l'importation des denrées ne peut s'opérer que dans des proportions minimes, à cause de la difficulté des communications. Le riz même n'y arrive qu'en très-petite quantité, et ne figure que sur la table des riches.

La crémation est en usage dans cette contrée comme dans l'Inde. Mais on y laisse un plus grand intervalle entre le décès et les obsèques, ce qui n'a pas d'inconvénient dans un climat si froid. L'usage est même de garder le défunt, avant de lui rendre les derniers devoirs, d'autant plus longtemps qu'il occupait un rang plus distingué de son vivant.

On aura sans doute quelque peine à croire que les habitants de cette rude et pauvre contrée soient généralement plus instruits que tous les autres sujets du Maharaja. L'éducation des enfants est confiée aux lamas, et ceux-ci ont tout le temps de s'en occuper pendant ces longs hivers.

Les Ladakhîs ont un goût prononcé pour les cérémonies et les fêtes. Lors de mes tournées de gouverneur, toute la population m'attendait à l'entrée de chaque village. On me régalait d'une musique composée de flageolets et d'une espèce de tam-tam. Les femmes, rangées en haie et parées de leurs plus beaux atours, portaient des vases renfermant des brindilles de cèdre allumées pour parfumer l'air; — précaution qui n'était rien moins qu'inutile, vu les habitudes négatives de toilette de ces braves gens. Au moment de mon passage, elles posaient à terre leurs cassolettes, pour me faire des révérences profondes, et qui n'avaient rien de disgracieux.

Je me rappelle que j'eus un jour à subir coup sur coup six de ces entrées solennelles. De plus, quand je passais à proximité de quelque monastère, il me fallait recevoir une députation de lamas. Ces députations étaient accompagnées d'un orchestre plus corsé que celui des villages. Il se composait ordinairement de deux longs cors, de deux flageolets, de deux cymbales et de deux tambours surmontés de bannières. La musique exécutée en mon honneur était une sorte de mélopée lente et mélancolique, mais nullement désagréable. Ces réceptions, ayant pour cadre de majestueux horizons de montagnes, étaient, à tout prendre, d'un effet assez pittoresque. Et puis tout cela avait lieu pour fêter ma présence! César disait qu'il aimerait mieux être le premier dans le plus humble village que le second à Rome. Je crois qu'à l'occasion, tout le monde est un peu de son avis.

A l'entrée de chaque lamaserie, on remarque un grand « cylindre à prières ». Dans le district de Nubra, j'en ai vu un de six pieds de haut sur quatre de diamètre, garni de clochettes, et mis en mouvement, comme un moulin, par une chute d'eau. Dans l'intérieur de tous ces couvents, il y a une ou plusieurs salles d'images, soutenues par des piliers. Elles représentent Bouddhâ ou des lamas divinisés. Ces figures sont tantôt en métal, tantôt en argile dorée ou peinte. Chacun de ces sanctuaires est garni, en outre, de cloches, de lampes, de sceptres, de bannières peintes avec des devises, et de bols de beurre fondu contenant des mèches toujours allumées. Le commun des fidèles est admis dans ces salles à certains jours de fête, mais les femmes et les étrangers en sont rigoureusement exclus.

Chacun de ces monastères a deux chefs, l'un pour le spirituel, l'autre nommé *chagzot,* pour le temporel. J'ai eu des rapports avec plusieurs de ces derniers ; c'étaient généralement des hommes fort intelligents et d'une tournure très-digne. Quelques-uns exercent une sorte de juridiction administrative sur les cultivateurs qui demeurent aux alentours de leur couvent.

Tous ces lamas, ou religieux, sont vêtus d'une longue robe de laine nommée *choga,* tantôt jaune, tantôt rouge, suivant la secte à laquelle ils appartiennent, avec des chapeaux de feutre à larges bords, assortis à la couleur de la robe. Dans le Ladakh, les lamas rouges sont les plus nombreux : ce sont ceux qui relèvent du Talaïlama de Lhassa. D'ordinaire, ils tiennent à la main un petit cylindre à prières, qu'ils font tourner entre leurs doigts, tout en s'occupant d'autre chose. Certains couvents ont des propriétés et des vassaux; d'autres ne subsistent que des aumônes volontaires des dévots.

Dans toutes les familles qui comptent plusieurs enfants mâles, on en consacre d'ordinaire un à Bouddhâ. Celui-là devient pupille du couvent le plus voisin. Il est ensuite envoyé à Lhassa, chef-lieu du grand Thibet, où il passe ses examens et reçoit l'ordination. Toutefois, depuis quelques années, ces engagements dans l'état religieux tendent à devenir plus rares. Les supérieurs des lamaseries en sont fort tourmentés; ils disent que la religion s'en va [1].

[1] On trouvera de plus grands détails sur les sectes religieuses du Thibet dans l'ouvrage déjà cité de M. l'abbé Desgodins (pages 243 et suiv.). La principale distinction entre les lamas rouges et jaunes consiste en ce que les premiers peuvent se marier, tandis que les autres font vœu de chasteté : vœu qu'ils observent d'ailleurs très-imparfaitement. (T.)

XXIX

Excursion dans la vallée de l'Indus, depuis la frontière du Baltistan jusqu'à Leh et au-dessus. — Le Shayok. — La vallée de la Nubrâ.

L'Indus traverse le Ladakh dans le sens de sa plus grande longueur, du sud-est au nord-ouest, depuis la frontière du grand Thibet jusqu'à celle du Baltistan. Pendant tout ce trajet, sauf aux environs de Leh où le pays est plus ouvert, l'Indus court dans une vallée étroite, qui parfois se réduit aux proportions d'une gorge entre deux chaînes de montagnes granitiques. Ces chaînes, qui renferment des sommets de seize cents à vingt mille pieds, séparent ce fleuve des bassins de trois de ses principaux affluents : le Zanskar et le Suru à gauche, et le Shayok à droite.

Depuis la frontière du Baltistan jusqu'à Khalsi, où la route de Sirinagar débouche, comme on l'a vu plus haut, dans la vallée de l'Indus, on rencontre de temps à autre dans cette vallée et dans les vallons latéraux d'étroites bandes de terrain d'alluvion, où l'action combinée de l'humidité et de quelques journées de forte chaleur produit de véritables phénomènes de végétation. Ainsi les habitants du village de *Garkon*, l'une de ces oasis, à l'extrême frontière du Baltistan et du Ladakh, récoltent non-seulement des fruits et des céréales de toute espèce, mais du vin.

A deux ou trois milles en amont de Garkon se trouve un autre village, *Dâh*, qui fait partie du Ladakh, et dont la construction rappelle celle des places du Puniâl. Il se compose d'une agglomération de maisons soudées ensemble en quelque sorte, et reliées par des communications intérieures, de manière à former au besoin une espèce de fort ou de redoute à plusieurs compartiments. Le tout est protégé, d'un côté, par des escarpements à pic, de l'autre, par un rempart et une tour encore en bon état, qui commande l'unique entrée. Ces précautions s'expliquent par la situation de cette localité sur l'extrême frontière de deux États naguère distincts et souvent ennemis. Depuis que l'un et l'autre appartiennent au Maharaja, on s'est risqué à construire quelques habitations dans la campagne, mais tout le monde rentre encore l'hiver dans le vieux village. Les habitants de Dâh, de Garkon et de quelques hameaux voisins sont des Dârdis convertis au bouddhisme, et chez lesquels le type aryen s'est assez bien conservé, malgré les croisements avec la race touranienne. Ils parlent un dialecte tout particulier, dans lequel on retrouve beaucoup de termes de la langue originaire du Dârdistan, altérés par des terminaisons thibétaines. De plus, ils ont renoncé, comme de juste, à toutes les pratiques musulmanes, notamment à celle des ablutions. Leur malpropreté égale, pour le moins, celle de leurs coreligionnaires du Ladakh.

A quelques milles en amont de Dâh, sur la rive droite de l'Indus, je visitai la vallée latérale de Hanû. Il faut, pour y pénétrer, escalader un des contre-forts abrupts qui en barrent l'issue inférieure, et laissent à peine un passage au torrent. Mais, au-dessus de cette impasse, la vallée s'élargit tout à coup, et l'on trouve des plantations de saules et de peupliers, des terrains cultivés, et deux villages, *Yogma* et *Goma*, c'est-à-dire le bas et le haut Hanû. C'est par ce dernier village que passe la route directe de Leh à Skardû

(Baltistan), qui escalade, à l'extrémité supérieure de la vallée, le col de *Chorbât,* haut de seize mille sept cents pieds. Il y a en tout deux cent neuf milles (seize journées de marche) de Leh à Skardû par cette route d'en haut, qui n'est praticable que l'été. L'hiver, on est obligé de suivre la vallée de l'Indus ; c'est un trajet des plus pénibles.

Dans cette section du parcours, on rencontre, à diverses places, d'énormes amas de débris, éboulés par suite de tremblements de terre ou charriés lors des grands débordements qui ont plusieurs fois changé le cours du fleuve. J'ai surtout remarqué et noté des traces évidentes d'un de ces changements non loin de Garkon.

A partir d'Achînathang, la première localité qu'on rencontre, en amont, après l'embouchure de l'Hanû, tous les habitants du littoral sont des Thibétains. Tout près de ce village, des chercheurs d'or, venus de Baltistan, ont creusé, dans une berge caillouteuse, de petites fosses, pour recueillir les paillettes que le fleuve charrie parfois en grande quantité. Depuis cet endroit jusqu'à Leh, la vallée de l'Indus proprement dite est étroite et bordée de falaises à pic, mais s'élargit de temps en temps, à droite et à gauche, aux débouchés des vallons latéraux. C'est là naturellement que se trouvent les habitations et les cultures. Un des plus jolis villages qu'on rencontre dans ce trajet est celui de *Skirbichan,* à quelques milles au-dessus d'Achînathang. Il est entouré d'arbres, luxe rare dans ce pays, et ses maisons blanches, dissimulées à demi sous le feuillage, produisent un charmant effet de contraste au milieu de sombres masses de granit. Plus haut, entre les villages de Bazgo et de Pitak, déjà mentionnés ailleurs, l'Indus reçoit, à gauche, un affluent considérable, le Zanskar. Dans cette partie de son parcours, le fleuve passe dans une tranchée profonde et absolument inaccessible; puis l'horizon s'ouvre tout à fait en approchant de Leh.

Juste en face de cette capitale, sur la rive gauche, se trouve *Chushot,* village d'environ deux cents habitants, moitié Baltis et moitié Ladakhîs. C'est là que se trouve le plateau d'alluvion le plus vaste de la vallée, et par conséquent la plus grande étendue de terres cultivées de tout le Ladakh.

J'ai fait deux fois l'excursion que je viens de décrire, en été d'abord, puis au mois de janvier. En été, la chaleur était parfois des plus ardentes, à cause de la réverbération du soleil sur ces parois de granit. Lors de mon voyage d'hiver, le froid était assez vif, mais après tout tolérable. L'Indus était pris en divers endroits, et j'ai pu souvent faire un mille ou deux de suite sur la glace.

En remontant le fleuve au delà de Leh, on rencontre encore quelques villages et hameaux sur de petits affluents du fleuve. A environ dix milles en amont, on aperçoit, sur la rive gauche, la plus grande lamasserie du pays, celle d'*Himis*, qui contient deux cents religieux. Assis sur un contre-fort escarpé au-dessus d'une ravine qui descend jusqu'à l'Indus, ce monastère, vaste étendue de bâtiments entourés de beaux peupliers, produit de loin un effet imposant avec ses galeries à jour, ses grandes fenêtres et ses bannières qui flottent au vent.

Le dernier village digne de ce nom, au-dessus de Leh, est celui de *Upshi*, situé à l'embouchure d'un torrent nommé *Gyâ*. C'est la limite du Ladakh *central*. En amont de ce point, la vallée de l'Indus n'est plus qu'une gorge d'un accès difficile. On n'y rencontre qu'à de grands intervalles quelques portions de terrains cultivés, et un petit nombre de hameaux, dont les habitants récoltent tout juste ce qu'il leur faut pour vivre.

L'affluent le plus considérable de l'Indus, dans le petit Thibet, est le *Shayok,* qui sort des monts Karakoram. Cette rivière a son embouchure dans le Baltistan, mais la presque totalité de son cours appartient au Ladakh. Après un trajet d'au moins soixante milles, du nord au sud, le Shayok, arrêté par un énorme massif de montagnes qui se dresse en avant du lac *Pang-Kong,* décrit un angle aigu et tourne au nord-ouest [1]. Dans cette nouvelle direction, il parcourt une centaine de milles presque parallèlement à l'Indus, dont il n'est séparé que par la chaîne de montagnes granitiques qu'on aperçoit distinctement de la route de Leh, et qui contient des sommets de seize, dix-huit et vingt mille pieds. Il finit par s'ouvrir un passage à travers cette chaîne, et se jette dans l'Indus à quelques milles au-dessus de Skardû.

Pendant ce parcours, le Shayok reçoit lui-même de nombreux affluents, dont les principaux descendent comme lui des monts Karakoram. Le plus considérable est la Nubrâ, dont

[1] Sur ce lac, voir ci-après, chap. XXXI.

la vallée forme un district spécial, l'un des plus intéressants du Ladakh.

Je n'avais garde de négliger cette partie si pittoresque de mon gouvernement. Le chemin est, à vrai dire, assez malaisé, bien qu'il forme la première section d'une des grandes routes commerciales de Leh à Yarkand. Il faut d'abord franchir la chaîne qui sépare l'Indus du Shayok, gravir une rampe continue de six mille pieds pour arriver à un col dont l'altitude absolue est de dix-sept mille cinq cents pieds. Cette escalade demande deux jours, et la montée est si forte qu'on ne peut se servir que d'yaks et non de chevaux. Sur l'autre revers du col, on descend d'abord sur la glace par une pente fort roide, jusqu'à un premier lac, placé à l'extrémité supérieure d'une ravine profonde. Le chemin s'engage dans cette ravine et continue à descendre pendant plusieurs milles, en côtoyant plusieurs autres lacs, alimentés l'hiver par les avalanches. Enfin, on rencontre quelques pâturages, quelques habitations dispersées, et l'on atteint *Khardong,* village assez important. Mais Khardong est encore à plusieurs milles de distance et à une grande hauteur au-dessus du Shayok. Le chemin descend vers cette rivière par une gorge remplie de jungles, ce qui ne se rencontre pas souvent dans le Ladakh. On débouche enfin sur la rive gauche du Shayok, qu'on passe à gué quand les eaux sont suffisamment basses ; après quoi il reste encore une journée de marche à faire en aval, sur la rive droite, avant d'atteindre le confluent du Shayok et de la Nubrâ.

Le district de ce nom comprend la vallée de la Nubrâ, large en moyenne de deux à trois milles, et la partie adjacente de celle du Shayok, qui en a bien le double. Les parties les plus basses sont couvertes, tantôt de jungles, tantôt de sable et de cailloux, suivant le caprice des débordements. Mais, à tout prendre, cette contrée présente un coup d'œil plus agréable qu'aucune autre partie du Baltistan et du Ladakh. La proportion des terrains cultivés et plantés y est plus considérable que dans les autres vallées supérieures. Les villages, au lieu de former, comme dans celles de Basha et de Braldû, des oasis séparées par des ravins et des pentes stériles, se relient entre eux par des séries continues de verdure, plantations d'arbres à fruit, de noyers et de peupliers, champs, pâturages et jungles. Les habitants de ce district tirent un bon parti de leurs prairies en les louant aux voyageurs de l'Yarkand pour faire pâturer, à l'allée et au retour, les poneys et les yaks. En revanche, ils sont obligés d'entourer de grosses haies d'épines les champs cultivés, qui, autrement, seraient broutés sans miséricorde. Tous ces villages ont un air d'aisance; et il y a dans chacun au moins deux constructions de bonne apparence : la maison du chef (*Headman*) et la lamasserie.

Le plus important de ces villages est *Charâsa,* ancienne résidence des rajas héréditaires de Nubrâ, vassaux de ceux du Ladakh. Il est bâti sur un plateau rocheux qui domine d'environ cent cinquante pieds le fond de la vallée, et entouré d'un rempart flanqué de tours. Les religieux de la lamasserie sont les seuls habitants qui restent toute l'année dans cette enceinte. Tous les autres se dispersent l'été dans la vallée, où ils ont des maisonnettes éparses dans les champs et les prairies. L'hiver, ils rentrent avec leur bétail dans le vieux village; et en se tassant ainsi, bêtes et gens trouvent moyen de ne pas trop souffrir du froid.

La superficie du sol de Charâsa se compose de roches *moutonnées* et sillonnées de profondes rayures. J'ai retrouvé des traces semblables dans bien d'autres endroits de la vallée. Elle a dû être autrefois couverte par un glacier qui se reliait non-seulement au glacier supérieur dont sort la Nubrâ, mais à ceux de la région de Shayok, dans laquelle cette vallée est comme enclavée, par suite du brusque retour que fait ce fleuve sur lui-même, dans la partie inférieure de son cours [1].

La vallée de Nubrâ offre encore d'autres sujets d'étude aux géologues. Ainsi, les deux chaînes qui la bordent sont d'une nature différente. Celle de l'ouest se compose principalement d'ardoise, de gniess et de roches cristallines; celle de l'est, la plus élevée de beaucoup, est entièrement granitique. Du village de Charâsa, situé sur la rive gauche de la rivière, et par conséquent adossé à la chaîne occidentale, un sentier occidental en zigzag conduit, par une rampe continue d'environ quatre mille pieds, sur la crête de cette chaîne, dont l'altitude moyenne absolue varie entre quatorze mille et quatorze mille cinq cents pieds. De cette crête, on jouit

[1] Il suffit d'un coup d'œil sur la carte, pour se rendre compte de cette évolution du Shayok. Il en résulte que la vallée de Nubrâ est bordée d'un côté par la région du Shayok *inférieur*, de l'autre par celle du Shayok *supérieur*.

d'un des points de vue les plus grandioses que j'aie rencontrés dans les États du Maharaja, sur la grande chaîne de l'est, dont l'élévation moyenne est de vingt mille pieds, et dans laquelle surgissent çà et là des pics de vingt-quatre et vingt-cinq mille pieds. Le plus élevé atteint la hauteur de vingt-cinq mille cent quatre-vingts pieds (près de sept mille sept cents mètres).

XXX

Le Rupshu ou Ladakh méridional et ses lacs. — Le district de Zanskar.

Il nous reste à décrire les districts de *Rupshu* et de *Zanskar,* dont se compose la partie méridionale du Ladakh, qui en est aussi la plus froide.

Dans le Rupshu, qui forme l'extrémité sud-est des territoires du Maharaja, la hauteur des vallées varie entre quatorze et quinze mille pieds. Le climat y est des plus rigoureux, et en même temps d'une sécheresse extrême. L'été, la chaleur est insupportable au soleil du midi, mais les matinées et les soirées sont plus que fraîches, et il y gèle à glace presque toutes les nuits. Dans de telles conditions, on comprend qu'aucune culture fixe n'est possible. On rencontre seulement, à de longs intervalles, de maigres pâturages sur les déclivités méridionales, et quelquefois au bord des cours d'eau qui descendent vers le Zanskar et l'Indus. Quand je parcourais cette région désolée, il m'est arrivé plus d'une fois d'y marcher pendant des journées entières sans apercevoir un visage humain. Le chiffre total de la population, sur une étendue de quatre mille milles carrés, ne dépasse pas cinq cents âmes.

Cette population est pourtant moins misérable qu'on ne pourrait le croire. Elle se divise en deux tribus, propriétaires de nombreux troupeaux de chèvres et d'yaks. L'été, les habitants du Rupshu mènent une vie nomade, sous des tentes de crin. Plusieurs s'occupent de recueillir les produits de l'évaporation des eaux d'un grand lac salé qui se trouve au centre du pays, à quatorze mille neuf cents pieds d'altitude.

J'ai visité ce lac en détail. La vallée qui le contient est la plus grande du pays ; elle n'a pas moins de treize milles de long, sur cinq de large dans la plus grande partie de son étendue. Elle contient deux lacs, dont le plus petit renferme de l'eau qui n'est que légèrement saumâtre, et le plus grand, de l'eau franchement salée. Ces deux lacs sont séparés par une vaste plate-forme sablonneuse, d'une superficie d'environ huit kilomètres carrés. On y trouve, ainsi que dans les autres parties de la vallée non occupées par l'eau, des dépôts salins de composition variée. Il paraît évident que toute la vallée était autrefois remplie d'eau, et que ce qui en reste diminue tous les ans par l'évaporation.

Le grand lac salé, quand je l'ai vu, n'avait pas plus de trente pieds de profondeur *maxima*, et à peine un pied sur les bords. Son eau, dans les parties les plus basses, paraît d'un jaune brun, et très-trouble. L'extrémité nord se termine par une série de lagunes, où l'eau, en se séchant, laisse des dépôts de sel commun, assez clarifié pour être employé comme condiment. C'est là que les habitants du pays viennent le recueillir.

J'ai reconnu quatre de ces lagunes, ou petits étangs séparés du reste du lac. L'analyse de différents échantillons de dépôts salins, pris dans d'autres endroits de la vallée, aujourd'hui complétement à sec, m'a donné, dans de fortes proportions, tantôt des carbonates de soude, tantôt des sels de magnésie. J'y ai recueilli aussi une substance translucide, qu'on appelle *Gurm* dans le pays, et qui semble une combinaison de soude et de sulfate de magnésie.

D'autres *Champas* (ainsi se nomment les habitants de ces régions ingrates) louent leurs services l'été, comme portefaix ou conducteurs de bêtes de somme, aux caravanes de l'Yarkand, qui passent et repassent par leur pays. L'hiver, la population et le bétail se réfugient à *Karzok* ou à *Dora*, qui sont à peu près les seuls endroits habitables pendant la mauvaise saison.

Karzok, l'une des stations de la route des caravanes et chef-lieu de district, est situé au bord d'un grand lac d'eau douce nommé le *Tsomoriri*, à quelques milles de la frontière du Spitî (Inde anglaise), et immédiatement au-dessous de la ligne de partage du bassin de l'Indus supérieur et de celui du Sudledje, l'une des « cinq rivières » du Panjâb.

Ce lac, qui a quinze milles de long sur cinq de large, et reçoit les eaux d'une petite rivière qu'on appelle *Phirka*, occupe la moitié de la superficie d'une vallée située à près de quinze mille pieds d'altitude, et entourée de cimes plus élevées de trois à cinq mille pieds, sur lesquelles la neige ne fond jamais. Je crois être le premier qui ait navigué sur le Tsomoriri. J'avais apporté tout exprès de Leh un petit bateau, ce qui m'a permis d'explorer ce lac dans toutes les directions, et d'y exécuter sur divers points des sondages. Ils m'ont donné des profondeurs qui variaient de trente-six à deux cent quarante-huit pieds.

L'eau du Tsomoriri paraît bleue ; elle est très-claire, mais trop saumâtre pour être potable. Ce lac gèle en hiver, et la glace y acquiert assez de consistance pour que les hommes et les animaux puissent passer dessus. Au milieu se trouve une petite île rocheuse, refuge d'une quantité innombrable de mouettes, nommées *Chagaratse* dans la langue du pays. Au nord du Tsomoriri, se trouve un autre lac beaucoup plus petit, dont la plus grande profondeur est de soixante-dix pieds.

Karzok, *chef-lieu de district,* consiste : 1° en une lamaserie renfermant trente-cinq religieux, et dont la construction fait le plus grand honneur à la dévotion des montagnards, attendu qu'il leur a fallu apporter de très-loin, par des chemins qui n'existent pas, les matériaux nécessaires ; 2° en huit ou dix constructions plus que modestes, avec des enclos pour le bétail. Une seule, servant d'habitation au chef du district, mérite le nom de maison. Les environs de Karzok sont aussi l'un des seuls endroits du pays où l'on ait fait quelques essais de culture.

On y sème de l'orge qui mûrit quelquefois.

Du lac salé et du Tsomoriri, des passages relativement faciles conduisent dans une vallée arrosée par un petit affluent de l'Indus nommé le *Pûga*. Cette vallée, dans laquelle on trouve du soufre et du borax, vient aboutir à l'Indus lui-même, qui, dans ces parages, a des allures tout à fait torrentielles.

En suivant de là sa rive en amont, on rencontre successivement trois hameaux, dont le plus grand se compose d'une douzaine de cabanes. Puis on arrive à Dora, l'autre station d'hiver des nomades, située à l'extrémité sud-est des États du Maharaja, sur la lisière du Thibet. L'été, cette localité reste abandonnée; il est vrai qu'il n'y a absolument rien à y prendre.

Ces montagnards du Rupshu paraissent s'accommoder à merveille de leur rude existence. Ils sont tellement habitués au froid, que le climat de Leh ne leur paraît supportable que l'hiver, et qu'ils considèrent la vallée de Cachemire comme une contrée brûlante et malsaine. Cette population alerte et vigoureuse est un des plus remarquables exemples de la puissance d'adaptation que possèdent certaines races humaines.

On peut en dire autant de leurs proches voisins, les habitants du district de Zanskar[1]. Le climat y est à peine moins âpre; le printemps, l'été et l'automne réunis ne durent que cinq mois; tout le reste de l'année est du domaine de l'hiver. Les gens de ce pays ont même un désagrément spécial dont ceux du Rupshu sont exempts : la proximité de montagnes encore plus hautes et plus âpres, hérissées de glaciers. C'est la chaîne que les Anglais nomment spécialement « Neigeuse » (*Snowy Range,* Sierra Nevada), qui sépare du Ladakh les gouvernements de Jummoo et de Cachemire. Aussi, après avoir été bloqués par la neige pendant six ou sept mois, les habitants de Zanskar le sont encore souvent au printemps par les avalanches et les inondations. Pour s'avancer à l'époque des semailles, ces pauvres gens, dès que le soleil commence à prendre de la force, couvrent la neige avec de la terre dont ils ont fait provision dans leurs cabanes l'été précédent. Ils accélèrent ainsi la fonte de cette neige, mais souvent il en retombe d'autre ensuite, et tout le fruit de leur travail est perdu. En 1869, époque de ma visite dans

[1] Cette rivière, le plus puissant affluent du haut Indus dans ces parages, prend sa source dans les montagnes du Spitî, et se jette dans l'Indus à quelques milles au-dessous de Leh.

ce district, ils avaient été obligés de s'y reprendre à trois fois!

Ce malheureux pays avait pourtant naguère son rajah particulier, et ce rajah un palais, le plus étrangement bâti qui fût jamais. On en voit encore les ruines à *Padam,* l'ancienne capitale de ce petit État, et qui est censé le chef-lieu du district. Le palais et la douzaine de maisons dont se compose ce chef-lieu sont situés à onze mille cinq cents pieds d'altitude, sur le rebord de la moraine terminale d'un glacier aujourd'hui disparu; et l'on y a employé, comme matériaux de construction, les débris de roches amoncelés.

On compte en tout, dans ce district, quarante-trois hameaux ayant chacun de dix à douze *feux,* terme de statistique qui est ici de pure forme, car rien de plus rare que le combustible, dans cette région où il serait si nécessaire. Le chiffre de la population ne dépasse pas deux mille cinq cents âmes. Le Zanskar payait au Maharaja une contribution annuelle de trois cents livres sterling, que je fis réduire à deux cents, en regrettant de ne pouvoir accorder un dégrèvement complet.

Le principal trafic a pour objet le sel qu'apportent de chez eux les nomades du Rupshu, et qu'ils payent à ceux-ci en orge. Puis les habitants de Zanskar portent ce sel à travers les escarpements et les précipices du Snowy Range, par le col d'Umasî-Lâ, les vallées de Bhatnâ et du haut Chinâb, dans le district d'Udampur (Jummoo), où ils reçoivent en échange du riz, du beurre, du miel, etc. [1].

Cette population est la plus laborieuse et la plus honnête de tous les États du Maharaja.

[Ce chapitre et les suivants montrent quel intérêt attache le gouvernement britannique au développement de relations commerciales et politiques avec le nouvel État musulman de Yarkand (Turkestan oriental). Il a dû faire de grands efforts pour balancer le progrès de l'influence russe de ce côté, au moment où ce progrès s'affirmait par la conquête de Chiwa (1873), et le traité conclu à la suite avec l'émir de Bo-

[1] Nous avons décrit précédemment, en sens inverse, cette route, l'une des plus difficiles de ces contrées (v. ci-dessus, chap. XI). Elle n'est praticable que pendant quatre ou cinq mois de l'année, et presque exclusivement pour les piétons. On monte de Padam au col d'Umasî-Lâ par une rampe continue d'environ six mille pieds, et la descente de l'autre revers par la vallée de Bhatnâ n'est pas moins rude.

khara. Une des stipulations de ce traité accorde le transit libre de tout droit aux marchandises expédiées de Russie dans les pays limitrophes des États de l'Émir. Or, les possessions plus ou moins immédiates de ce prince, aujourd'hui vassal de la Russie, ne sont séparées de celles du maharaja de Jummoo et Cachemire, « barrière nord de l'Inde anglaise », que par la chaîne de l'Hindou-Koh et une partie de la vallée supérieure de l'Indus. Le Badakshan, contrée indiquée sur notre carte comme limitrophe de l'Yasin, et vers laquelle se dirigeait le voyageur anglais Hayward quand il fut assassiné; — le Badakshan est tributaire de l'émir de Bokhara.

Ceci explique à merveille la sollicitude marquée du gouvernement anglais pour faciliter les communications commerciales entre l'Inde et l'Yarkand par les États de Renbîr-Singh, et pourquoi, tandis que la Russie négociait avec l'émir de Bokhara, un ambassadeur anglais fut envoyé en grand apparat au nouvel émir d'Yarkand, pour conclure aussi un traité de commerce. Cet ambassadeur était M. Forsyth, qui, trois ans auparavant, avait signé avec Renbîr-Singh le traité de libre transit pour l'Yarkand, dont il sera question plus loin (p. 302).

L'État d'Yarkand est désigné dans notre carte sous la dénomination de territoire d'*Athalyk-Ghazir* (défenseur de la foi). Tel était le nom qu'avait pris d'abord Yacoub-bey, naguère vassal de l'émir de Bokhara. Ce personnage a su non-seulement se créer une souveraineté indépendante sur des provinces enlevées d'un côté à son ancien suzerain, de l'autre à la Chine, mais faire reconnaître cette souveraineté par la Russie et l'Angleterre, qui recherchent à l'envi son amitié. Depuis la fin de 1873, il a pris le titre d'émir Mohammed-Yakoub. Jusqu'ici il paraît avoir manœuvré avec toute la dextérité nécessaire pour fonder un établissement durable, champ de bataille seulement commercial entre les deux grandes puissances ses voisines.

Il est à présumer, toutefois, que l'issue de la présente guerre d'Orient aura une grande influence sur la conduite et le sort de ce nouveau souverain. T.]

XXXI

Route de l'Yarkand par les plateaux. — De Tanktse à Lukung. — Le lac Panggong.

Il nous reste à parler de la région des hauts plateaux, qui forme l'angle nord-est des territoires attribués au souverain de Jummoo et Cachemire. Cette région inhabitée, inhabitable, dont la traversée est pénible l'été, tout à fait impossible l'hiver, n'en a pas moins acquis, dans ces dernières années, une sérieuse importance au point de vue des communications commerciales par le Ladakh, entre l'Inde anglaise et l'Asie centrale, notamment avec Yarkand et Kashgar.

Depuis que les caravanes ont abandonné la route du col de Mustagh, qui cumulait, ainsi qu'on l'a vu précédemment, tous les genres de périls (voir chap. XXVI), la communication la plus fréquemment suivie a été, pendant plusieurs années, celle par la vallée de Nubrâ (voir chap. XXIX), les cols de Saser et de Karakoram. On compte par cette route cinq cent quinze milles ou trente-cinq journées de marche, de Leh à Yarkand. C'est la plus courte, mais la plus pénible. En quittant les beaux pâturages de la Nubrâ, ou avant d'y atteindre, il faut traverser dans toute leur profondeur les monts Karakoram, qui forment dans cette direction un double rempart; franchir deux cols (Karakoram et Sucket) hauts de six mille mètres, monter et descendre pendant plus de cent cinquante milles, à travers des rochers nus, des glaciers et des précipices, où l'herbe et le combustible font absolument défaut.

On a donc cherché, dans ces derniers temps, une communication plus facile, surtout depuis que Rambîr Singh a accordé, moyennant réciprocité, le transit libre des marchandises anglaises à travers ses domaines. Ce traité a été définitivement signé, au commencement de 1870, entre le Maharaja et M. Forsyth, représentant du vice-roi des Indes, mais la conclusion de cet acte considérable était prévue assez longtemps d'avance.

Toutes les routes nouvelles étudiées depuis quelques années passent à l'extrémité occidentale du lac Panggong (voir ci-après), traversant la vallée du Changchenmo, affluent oriental du Shayok ; puis, par des gorges latérales aboutissant à cette vallée, s'élèvent sur les hauts plateaux du nord-est, dont elles traversent une fraction plus ou moins considérable, pour gagner l'un des cols qui aboutissent à la vallée du Karakash *occidental* ou à celle du Karakash *oriental.* Ce fleuve, l'un des plus considérables du Turkestan, se divise, dans sa partie supérieure, en deux branches très-divergentes, dont l'une sort des monts Karakoram, et l'autre (l'orientale) des monts Kuen-Lun.

La route par la vallée du Karakash occidental, qui ne traverse que la moindre partie des grands plateaux, a été reconnue par le docteur Cayley, par M. Forsyth et par l'intrépide et malheureux Hayward. Il y a, en tout, par cette route, six cent dix milles de Leh à Yarkand, et seulement cinq cent quarante-six milles d'après Hayward, qui croyait avoir trouvé un raccourci à travers les montagnes, sur l'autre revers du Karakoram, pour éviter les sinuosités de la vallée. Cette communication est praticable pendant cinq ou six mois, non-seulement pour les chevaux, mais pour les chameaux *à deux bosses,* les seuls qu'on puisse employer dans ces montagnes. Mais il y a encore deux ou trois stations ou haltes, où le bois et l'herbe manquent absolument.

Je décrirai en détail la dernière de ces routes, celle dite des grands plateaux, parce qu'elle est la seule qui les traverse en entier, pour aller descendre à leur extrémité nord-est, dans la vallée du Karakash oriental. Cette route est un peu plus longue que les autres (six cent vingt-trois milles de Leh à Yarkand); mais c'est, sinon la plus facile, du moins la plus sûre au point de vue de la question capitale du combustible et du fourrage.

Le premier voyageur européen qui ait pris ce chemin est l'illustre Adolphe Shlagintweit, quand il fit, en 1857, ce voyage de l'Yarkand dont il ne devait pas revenir [1]. L'itinéraire de cette route fut publié cinq ans après dans un journal du Panjâb, par Mohammed Amin, l'ancien guide de Shlagintweit. Elle fut explorée pour la seconde fois, en 1865, par un savant et courageux voyageur, M. Johnson, qui travaillait alors à la carte de Survey, et qui depuis est entré au

1 On sait qu'il fut assassiné à Kashgar par ordre de l'émir de ce temps-là, Walli Muhammed, lequel a été depuis détrôné et tué par l'émir actuel, Yakoub Bey.

service de Ranbir Singh, et m'a succédé en 1871 dans le Ladakh. Elle a été parcourue depuis en partie par le docteur Cayley et par M. Forsyth. Enfin, j'ai moi-même soigneusement exploré, en 1869, toute la traversée des plateaux, jusqu'au débouché dans la vallée du Karakash.

Ces plaines inhabitées et inhabitables, dont la superficie est évaluée approximativement à sept mille milles carrés, s'étendent entre la région du Shayok à l'ouest, les monts Karakoram au nord, les monts Kouen-Lun au nord-est et à l'est, et ceux du Grand Thibet au sud.

Elles sont divisées en deux parties à peu près égales par une ramification de Karakoram, les monts Lokzhung, qui semblent d'une altitude relativement médiocre au milieu de plateaux, dont le niveau moyen est de quelques centaines de mètres plus élevé que la cime du mont Blanc. Pourtant, il existe dans cette chaîne centrale des pics hauts de plus de six mille mètres.

La partie méridionale de ce plateau, comprise entre les monts Lotzhung, Karakoram et les plaines de *Dipsang*, annexe de la région du Shayok, est désignée dans la carte de Survey sous le nom de *Lingzhîtang*; la partie nord, sous celui de plaines de *Kouen-Loun*, dénomination proposée par moi, et fondée sur cette considération que ce désert confine au nord et à l'est aux monts Kouen-Loun, qui le séparent de la Chine.

Le point de départ de la traversée est *Tanktse* (soixante-seize milles de Leh), village situé à douze mille huit cents pieds d'altitude, sur le *Harong*, affluent du Shayok, qu'il va rejoindre à quelques milles en aval, par une gorge inaccessible dans la saison des hautes eaux. Cette localité, relativement importante, est la résidence d'un *Kârdâr* ou chef de district, naturellement subordonné au gouverneur. Les maisons actuelles, de construction récente, sont au pied d'une hauteur escarpée sur laquelle on aperçoit les restes d'un fort et d'un monastère détruits à l'époque de la conquête.

C'est à Tanktse qu'il faut faire ses préparatifs pour la traversée des plateaux. J'avais amené de Leh avec moi six hommes auxquels j'en adjoignis six autres que me procura le Kârdâr. Nous avions cinq poneys de selle, plus six yaks pour mes bagages.

De Tanktse, je me dirigeai sur *Lukung*, humble hameau, composé de cinq habitations, situé à un peu plus de quatorze mille pieds d'altititude, à la pointe nord-est du lac Panggong, le plus vaste qu'on rencontre dans cette région.

Ce lac, dont la majeure partie est comprise dans les États du Maharaja, a quarante milles de long sur deux à cinq de large. D'après des sondages pratiqués en 1874, sa plus grande profondeur serait de cent quarante-deux pieds. Il forme l'extrémité inférieure d'une série de lacs semblables dans de plus grandes proportions à ceux de l'Oberland, qui se prolonge dans le Thibet, sur une longueur d'au moins quatre-vingt-dix milles. La partie supérieure n'a pas été encore explorée; mais les gens du pays assurent qu'il faut huit jours de chemin pour aller d'un bout à l'autre de cette région des lacs.

Le lac Panggong ressemble beaucoup à celui de Lucerne. Il l'emporte par son étendue, par les formes plus grandioses de ses montagnes, hautes de dix-sept mille à vingt et un mille pieds, et dont les teintes jaunes et brunes produisent d'heureux contrastes avec ses eaux, d'un magnifique bleu saphir. Tout cela est très-beau, sans doute, mais d'une beauté austère et presque sinistre. Ces montagnes sont absolument dépourvues de végétation. Sur les bords du lac, dans les endroits les plus abrités, on ne récolte que de l'orge, et encore elle n'y mûrit pas toujours. Enfin, on ne trouve sur les bords du lac Panggong qu'une demi-douzaine de hameaux dont le plus grand n'a que six maisons.

Son eau, prise du côté de Lukung, a un goût saumâtre très-prononcé. Elle a donné à l'analyse 1,33 pour cent de sel, dont près de moitié du sel commun, et le reste de sulfate de soude et de magnésie, et de chlorure de potassium. Plus on s'éloigne de l'extrémité occidentale, plus ce goût saumâtre diminue; dans la partie est, l'eau devient tout à fait potable.

Le lac Panggong gèle tous les hivers, et assez profondément pour qu'on puisse passer sur la glace au moins pendant trois mois.

XXXII

Exploration des grands plateaux. — Conclusion.

En quittant la station de Lukung, on gravit une longue rampe, couverte de fragments de rochers, tantôt granitiques, tantôt calcaires, les uns à arêtes saillantes, les autres plus ou moins arrondis. C'est l'emplacement d'une ancienne moraine, élevée d'environ deux cent cinquante pieds au-dessus d'un torrent qui descend au lac Panggong. Plusieurs de ces blocs ont des dimensions considérables ; j'en ai mesuré qui avaient vingt et vingt-sept pieds de largeur sur neuf à dix de hauteur, prise à fleur de terre, et qui semblaient profondément enfoncés dans le sol. La route, entretenue avec soin depuis quelques années, gravit, à travers ces débris, une pente d'environ quatre mille pieds, et franchit la ligne de partage des eaux du lac au col de Mâsimik (cinq mille cinq cents mètres). Dans le trajet de Lukung au col, on rencontre encore, à quatorze mille cinq cents pieds, un dernier hameau qui n'est habité que pendant quelques mois de l'année. Après avoir fait leur chétive récolte d'orge, les habitants retournent passer l'hiver sur les bords du lac.

Du col de Mâsimik, on redescend d'un peu plus de quatre mille pieds dans l'espace de quelques milles, jusqu'au campement de *Tsolu* ou de *Pâmzâl,* dans la vallée de Changchenmo. Le Changchenmo est un cours d'eau long d'environ soixante-dix milles, qui vient des montagnes du Thibet. Il coule directement de l'est à l'ouest, et se jette dans le Shayok, un peu au-dessus du coude si prononcé que fait cette rivière pour revenir vers l'Indus.

L'extrémité inférieure de cette vallée n'est qu'une gorge escarpée et profonde, inabordable pendant la saison des hautes eaux. La partie moyenne, où remonte pendant environ douze milles la route de l'Yarkand, est plus large et d'un accès facile. On y trouve, à diverses places et en assez grande abondance, pendant la belle saison, de l'herbe et des buissons d'arbustes (myricarias et tamarix), qui poussent vigoureusement dans des terrains d'alluvion. On peut donc s'approvisionner en cet endroit de combustible et de fourrages, immédiatement avant l'escalade des plateaux[1].

La dernière station en amont dans cette vallée est *Gogrâ* (quinze mille cinq cents pieds), où l'on a construit une maison de refuge pour les voyageurs. Elle est placée à la bifurcation des deux routes de l'Yarkand. Celle de la vallée du Karakash occidental oblique à gauche, et monte par le vallon ou gorge de *Kûgrâng*. La seconde, dont je peux parler *de visu*, tourne au nord-est, escalade le plateau supérieur en suivant une autre gorge, celle de *Changlong*. C'est une tranchée étroite, dans laquelle on chemine sur le bord d'un torrent, entre des cimes neigeuses, de formes généralement arrondies, hautes de dix-neuf mille cinq cents à vingt mille pieds.

Nous étions alors dans la seconde quinzaine d'août. Le col de Changlong, auquel aboutit la montée, est certainement un des passages les plus élevés du globe, car il ne forme qu'une dé-

[1] Je n'ai pas visité l'extrémité supérieure de la vallée de Changchenmo. A deux milles en amont du confluent des torrents de Changlong et de Kûgrâng, au-dessus duquel est la station de Gogrâ, les pentes herbeuses disparaissent, la vallée se resserre et n'est plus qu'une gorge aride, encombrée de débris. Plus haut encore, elle se divise en plusieurs embranchements, dont l'un aboutit à un col par lequel on va dans le *Rudokh*, district du Grand Thibet.

pression à peine sensible, profonde au plus de cent cinquante à deux cents pieds, dans cette haute chaîne qui borde le plateau. Pourtant ce passage était alors entièrement dégagé de neige, et nous y avons passé sans aucune difficulté.

Sur l'autre revers de ce premier col, haut de dix neuf mille deux cent trente pieds (cinq mille huit cents mètres), les montagnes changent brusquement de forme. Elles sont, non pas plus hautes, mais plus abruptes, et séparées par des ravines profondes. Ce sont des roches d'un brun sombre, sillonnées de stratifications sablonneuses à ondulations très-prononcées. Des débris détachés des cimes et charriés par les avalanches encombrent les ravins, s'accrochent aux moindres saillies de rochers. Ce désert de pierres et de neige n'offre aucun vestige de végétation.

Après avoir descendu une rampe d'environ cinq cents mètres à travers cette région désolée, et franchi deux autres cols, nous débouchâmes sur le plateau supérieur de *Lingzhîthang,* l'un des plus élevés du monde. Son altitude varie entre dix-sept mille cent à dix-sept mille trois cents pieds.

Là, les accidents majeurs de terrain disparaissent, mais l'implacable aridité persiste. J'ai fait soixante-dix milles dans cette région, depuis la station de Gogrâ jusqu'à celle de Lotzhung, dans les montagnes de ce nom, sans apercevoir un brin d'herbe.

Il n'est pas besoin de dire que le climat est des plus rigoureux sur ce plateau. Pendant l'unique saison où il est abordable, on y souffre cruellement de la chaleur pendant deux ou trois heures du jour. Mais le soleil n'est pas plutôt sur son déclin, qu'une brise plus que fraîche commence à souffler du sud-ouest. Le froid augmente graduellement pendant la nuit, et devient encore plus sensible à l'approche du jour. C'est ainsi que les choses se sont passées invariablement dans cette contrée inhospitalière, pendant toute ma traversée d'aller et de retour, du 26 août au 12 septembre. On y est alternativement rôti ou gelé.

Dieu seul sait ce qui peut y tomber de neige l'hiver; je n'ai jamais rencontré d'être humain qui eût osé s'y risquer dans cette saison. Mais elle commençait déjà à tomber sur le plateau de Lingzhîthang lors de mon retour.

Dans ce trajet, nous avions rencontré de temps en temps de grandes flaques d'eau, les unes douces, les autres plus ou moins saumâtres. Beaucoup de semblables flaques disparaissent pendant l'été ; ainsi, un lac salé indiqué par M. Johnston, mon prédécesseur, à peu de distance des premiers contre-forts des monts Lotzhung, était, lors de mon passage, absolument desséché. Dans la partie méridionale de ces plateaux, où nul Européen n'a encore pénétré, on ne trouve, dit-on, d'autre eau que plusieurs de ces grands lacs salés. Les indications de la carte de Survey, pour cette région, ne peuvent être considérées comme définitives.

J'ai vu dans ces steppes les plus surprenants effets de mirage. Je me rappelle surtout la vision prolongée d'une mer à perte de vue, au milieu de laquelle émergeaient de nombreuses îles affectant les formes les plus fantastiques, et couvertes de montagnes neigeuses qui se reflétaient avec une prodigieuse netteté dans cet océan imaginaire. L'illusion était telle, que nous croyions distinguer, à moins de deux kilomètres de distance, l'oscillation des vagues. Une autre fois, un superbe lac nous apparut, entouré de falaises à pic, au-dessus desquelles planaient de hautes cimes couvertes de neige.

Les monts Lotzhung, qui coupent ces plateaux

en deux fractions probablement à peu près égales, forment un massif long de soixante milles sur quinze à vingt de large. L'intérieur de ce massif est occupé par une multitude de ravines bizarrement ondulées en zigzags, séparées par des crêtes rocailleuses. On dirait une mer pétrifiée en pleine tempête. Parmi les hautes cimes qui l'encadrent, deux pics jumeaux qu'on voit se dresser à l'extrême gauche, en venant du Ladakh, ont plus de vingt et un mille pieds, et demeurent toujours couverts de neige. Elle ne fond que dans la cavité qui les sépare. La route de l'Yarkand coupe droit à travers ce massif, en franchissant aux endroits les moins abrupts ses ondulations intérieures, qui ont parfois cent et jusqu'à deux cents pieds de profondeur.

Il n'y a pas la moindre apparence de verdure sur ces montagnes, mais elles offrent des effets très-remarquables d'opposition de couleurs. Dans beaucoup d'endroits on aperçoit, côte à côte, des portions de rochers d'un brun rouge, et d'autres qui pourraient bien être du marbre, d'un blanc translucide.

L'autre section du grand plateau, qui confine au revers septentrional de ces monts, et auquel j'ai donné le nom de Kouen-Loun, est un peu moins élevée que la portion antérieure; son niveau moyen ne dépasse pas seize mille pieds. En revanche, sa superficie est beaucoup plus accidentée et sa traversée plus fatigante. Il faut compter quatre fortes journées de marche pour le trajet de soixante-neuf milles qui sépare la station de Lotzhung de l'extrémité supérieure de la vallée du Karakash oriental (quinze mille pieds d'altitude).

En fait de végétaux, on ne rencontre guère dans ces solitudes que des buissons de l'arbuste nommé *burtse* (*eurotia*), qui sert de combustible. Quant à l'herbe, elle brille par son absence dans toute la traversée, sauf dans quelques endroits du massif. Nous remarquâmes pourtant des traces d'animaux sauvages assez nombreuses. Il est vrai que dans un pareil pays elles doivent se conserver longtemps. Je vis un onagre à Thaldot, station située à la sortie des monts Lotzhung, et où l'on trouve de l'eau potable. Il y avait aussi sur le plateau de Kouen-Loun des traces d'antilopes. Ces animaux sont fort nombreux dans la vallée du Karakash, et l'on sait qu'ils ont généralement l'habitude, quand ils sont poursuivis, de s'enfuir au loin dans les déserts, même les plus arides[1]. Enfin, dans les monts Lotzhung, nous avons aperçu un animal des plus rares, un yak sauvage. Il ressemble au yak domestique, mais sa taille est plus haute, sa crinière plus épaisse. Il arrivait sur nous au trot, comme s'il eût voulu nous charger; puis, tout à coup, il fit volte-face et s'éloigna au grand galop...

On rencontre parfois sur ces plateaux des *ice beds* ou masses de glace coagulée, d'un volume considérable, et qui s'accroît tous les ans. C'est la suite des retards qu'apporte à la fonte des neiges, pendant l'été, le froid persistant des nuits.

Nous signalerons encore une particularité remarquable : l'existence, dans plusieurs endroits, de dépôts lacustres stratifiés, formant des espèces de buttes qui ont quelquefois jusqu'à douze pieds de haut. Ces dépôts sont composés de couches alternatives d'argile, de sable fin et de débris, encore très-reconnaissables, de plantes aquatiques. Ceci donne à penser que la super-

[1] M. Mohr, touriste et chasseur intrépide, a retrouvé dans l'Afrique méridionale des traces d'antilopes au milieu du désert de Kalahari, où lui-même faillit périr de soif. (V. Mohr, *Nach V. Fällen,* t. II, p. 65.)

ficie entière du plateau pourrait bien avoir été le fond d'un vaste lac, qui se serait vidé par suite de quelque cataclysme. L'exploration qui reste à faire de la majeure partie de cette région fournira sans doute de nouveaux éléments pour la solution de ce problème géologique.

Malgré sa longueur, cette route de l'Yarkand par les plateaux offre des avantages sérieux. Elle est la seule où l'on ne rencontre aucun passage vraiment dangereux, la seule aussi où l'on trouve, à des intervalles relativement assez courts, du combustible et de l'eau potable. Tout ceci mérite d'autant plus d'attention que, depuis le traité de 1870, qui accorde le libre transit aux marchands, presque toutes les communications commerciales de l'Inde avec le Turkestan oriental ont lieu par le Ladakh. Cet arrangement est des plus avantageux pour le commerce anglais, attendu que les cotonnades, par exemple, parviennent dans l'Asie centrale avec bien moins de frais par cette voie qu'en passant par la Russie. Ainsi, pour cent livres de coton fabriqué, le transport d'Angleterre à Kashga, par le territoire du Maharaja, ne revient qu'à 3 liv. sterl. 17 sch. 10 pences, tandis que, *via* Moscou, il s'élève à 4 liv. sterl. 7 sch. 8 pences. De plus, les expéditions en retour, consistant surtout en matières précieuses, conviennent, par leur petit volume, pour ces chemins difficiles.

(L'impression générale qui se dégage de cet intéressant travail, peut-être malgré l'auteur lui-même, c'est qu'un État composé d'éléments aussi hétérogènes que celui de Jummoo et Cachemire n'est pas né viable. L'un des principaux motifs qui avaient décidé le gouvernement britannique à le constituer en 1846 était l'avantage d'avoir un allié sûr, toujours prêt à opérer une puissante diversion contre les Sikhs. Cette considération stratégique a perdu toute son importance depuis l'annexion définitive du Panjâb à l'Inde anglaise. De plus, il nous paraît douteux qu'un souverain hindou, imbu des préjugés nationaux et religieux de sa race, puisse affermir son pouvoir sur des populations si diverses d'origine, si antipathiques entre elles de mœurs et de langage, et dont près des deux tiers professent un culte différent du sien. Nous avons vu que l'Angleterre a de puissantes raisons commerciales et politiques pour établir solidement sa domination dans ces contrées limitrophes de l'Asie centrale, où grandit chaque jour l'influence russe. Il lui sera plus facile de les gouverner immédiatement que par l'intermédiaire d'un prince placé dans des conditions si anormales. Aussi, malgré les qualités personnelles de Ranbîr Singh, nous ne serions pas surpris de voir, d'ici à peu d'années, ses héritiers, sinon lui-même, prendre place parmi les souverains indigènes dépossédés, et ces États devenir à leur tour, comme le Panjâb, « du territoire anglais pur et simple » . T. [1])

[1] L'Yarkand, auquel aboutissent les routes décrites dans ces derniers chapitres, est un pays riche et fertile, arrosé par de nombreux cours d'eau. Il produit en abondance du blé, du riz et des bestiaux. L'industrie, encore peu développée, ne fournit guère que des tapis et des feutres. Le commerce consiste dans l'exportation de la poudre d'or, de la soie, du chanvre, des chevaux, et dans l'importation des étoffes de tout genre, du thé, du sucre, de l'opium et des armes à feu. Tel est le champ de bataille commercial qui sépare seul aujourd'hui les possessions plus ou moins immédiates du Tsar de celles de l' « Impératrice des Indes ».

APPENDICE

Traité entre le gouvernement anglais et le maharaja de Jummoo, Golab Singh, conclu à Umritsur (Amritsir), le 16 *mars* 1846.

Article premier.

Le gouvernement britannique confère à perpétuité au maharaja Golab Singh et à ses hoirs mâles la possession indépendante de toute la contrée montagneuse comprise entre la rive droite de l'Indus et la rive gauche du Ravî, y compris le district de Chamba, et non compris celui de Lahol, contrée qui fait partie des territoires cédés au gouvernement britannique par l'État de Lahore, par le traité signé à Lahore le 9 mars courant [1].

[1] Cet article fut ensuite modifié, en ce qui touchait le district de Chamba. Ce district et celui de Lahol furent réunis sous l'obéissance d'un raja, tributaire de l'Angleterre.

Art. 2.

La frontière orientale des pays concédés à Golab Singh sera déterminée d'un commun accord par des commissaires délégués par les parties contractantes.

Art. 3.

En considération des avantages qui lui sont faits par le présent traité, Golab Singh consent à payer au gouvernement britannique la somme de quatre-vingt-cinq laks de roupies, dont cinquante lors de la ratification, et trente-cinq avant le 1er octobre de la présente année 1846 [1].

Art. 4.

Les limites des territoires cédés à Golab Singh ne pourront jamais être modifiées sans le concours du gouvernement britannique.

Art. 5.

Le maharaja s'en rapporte à l'arbitrage du gouvernement britannique pour toutes les difficultés qui pourraient surgir entre lui et le gou-

1 En tout 21,525,230 francs.

vernement de Lahore (empire Sikh), ou d'autres États limitrophes.

ART. 6.

Il s'engage, pour lui-même et ses héritiers, à se joindre, avec toutes ses forces militaires, aux troupes britanniques opérant sur les territoires qui confinent à ses possessions.

ART. 7.

Il s'engage également à ne prendre et à ne garder à son service aucun Anglais, aucun Européen ni Américain, sans l'aveu du gouvernement britannique.

ART. 8.

(Dispositions transitoires.)

ART. 9.

Le gouvernement promet à Golab Singh son aide et protection contre les ennemis extérieurs qui envahiraient son territoire.

ART. 10.

Le maharaja se reconnaît vassal du gouvernement britannique, et lui fera en conséquence présent, chaque année, d'un cheval, de six châles de Cachemire, enfin de six boucs et d'autant de chèvres de la meilleure race (*shawl goats*).

Nous empruntons à l'*Inde des Rajahs*, de M. Rousselet (Hachette), quelques détails complémentaires utiles sur les Sikhs et sur leur Jérusalem, la cité sainte d'Amritsir (Umritsur), où a été signé le traité qui précède.

« Les Sikhs sont une des sectes religieuses les plus puissantes du nord-ouest de l'Inde. Ils prédominent surtout dans le Pandjâb et le Sivhînd. Leur religion, fondée en 1469 par le *Gourou* ou prophète Nanak, était, à l'origine, un déisme pur, à peu près analogue au brahmanisme primitif, rejetant toutefois le système des castes. Ce culte s'est peu à peu transformé en un polythéisme, dont Nanak et ses successeurs sont devenus les principales divinités. Les Sikhs n'adorent cependant pas d'idoles; ils les placent dans leurs temples simplement comme d'antiques et vénérables symboles. Leur cinquième gourou, Govînd, fut assassiné par les musulmans. Cet acte alluma la colère des Sikhs, qui, de sectateurs humbles et paisibles, se transformèrent en ennemis acharnés de l'islamisme. C'est à partir de cette époque qu'à l'instar des Rajponts, ils ajoutèrent à leurs noms le titre de *Singh* ou lion [1], et, se considérant tous comme soldats, adoptèrent la coutume d'être toujours armés. Leur sanctuaire principal est le temple d'Amritsir, où ils se réunissent chaque année pour tenir leurs grandes assemblées ou *gouroumata*. Leurs livres sacrés portent le nom de *Grântah*; les principaux sont : l'*Adi Grântah*, composé par Nanak, et le *Das Padchah ka Grântah*, de Govînd. Les Sikhs appartiennent tous à la nation jâte, qui forme, du reste, le fond de la population de tout le Pânjab.

« Amritsir est la cité sainte des Sikhs : c'est là qu'au centre du magnifique « lac de l'Immortalité », l'*Amrita Sara*, s'élève la basilique de marbre et d'or que le prophète Ram Dâs construisit, au seizième siècle, avec les aumônes recueillies dans un voyage à travers le Panjâb.

« Le temple est un édifice quadrangulaire dans le beau style jât, couronné d'un dôme aplati que flanquent une multitude de clochetons.

[1] Ce nom, ils le portent toujours, comme on l'a vu dans cet ouvrage. Mais l'Angleterre a terriblement rogné les griffes à ces lions-là.

Il est relié par une large chaussée à l'une des rives de l'étang. Temple, chaussée, terrasse, sont du plus beau marbre blanc; les dômes, les clochetons, les candélabres, apparaissent comme une masse d'or.

« L'effet de toute cette blancheur et le reflet de toutes ces surfaces métalliques sous l'ardent soleil de l'Inde, dit M. G. Lejean, qui visitait Amritsir deux ans avant moi (en 1866), ne sont pas aussi aveuglants qu'on pourrait se l'imaginer, et l'œil s'y habitue. La réflexion qui vient à l'esprit à l'aspect de tant de richesses étalées à la vue des multitudes est celle-ci : Comment un pareil temple a-t-il pu échapper aux nombreuses révolutions qui ont désolé ce pays, et comment, dans ce pays où l'extrême richesse coudoie l'extrême misère, des foules affamées, et surtout des soldatesques sans frein, ne se sont-elles pas ruées sur cet or, sur ces émeraudes, sur ces millions en lingots? La réponse est facile à qui connaît les populations superstitieuses comme sont les Orientaux, sans exception. Elles n'ont pas de frein moral, mais elles ont celui d'une religion matérielle (?). Les crimes les plus inouïs sont fréquents dans ces contrées, mais j'ose affirmer que le sacrilége y est inconnu, sauf des cas extrêmement rares, où figurent le plus souvent les desservants mêmes du culte...

« En dehors de son temple, Amritsir n'a guère aucun monument curieux. Ses bazars offrent un coup d'œil des plus animés, surtout dans les quartiers où se trouve concentrée la fabrication des châles cachemire. » (*L'Inde des Rajahs*, pages 660-661.)

Le grand et bel ouvrage de M. Rousselet a fait connaître, non-seulement aux Français, mais à beaucoup d'Anglais, des trésors artistiques dont ils ne soupçonnaient pas l'existence. Il a, notamment, servi de guide au prince de Galles dans son récent voyage. M. Rousselet était dans le Panjâb en février 1868, mais il ne put, malheureusement pour lui et pour nous, visiter le Cachemire. Le choléra sévissait alors à Sirinagar; le gouvernement anglais avait cru devoir établir un cordon sanitaire sur la frontière, et suspendre la distribution des permis, sans lesquels les Européens ne peuvent entrer dans les États de Ranbîr Singh. D'ailleurs, la saison n'était pas assez avancée pour franchir le Pir-Panjâl. La relation de M. Drew forme donc le complément naturel de l'œuvre monumentale de M. Rousselet.

On trouvera, page 655 de l'*Inde des Rajahs*, une vue du temple d'Amritsir, monument aussi élégant que magnifique; et, page 663, plusieurs types de la race des montagnards *paharis*, à laquelle appartient la population d'une partie du gouvernement de Jummoo.

BIBLIOTHÈQUE NATIONALE R.F. IMPRIMÉS

TABLE DES MATIÈRES

DEUXIÈME PARTIE

LA VALLÉE DE CACHEMIRE.

TROISIÈME PARTIE

DARDISTAN. — BALTISTAN. — LADAKH.

APPENDICE

TABLE DES GRAVURES

PARIS. TYPOGRAPHIE DE E. PLON ET Cie, RUE GARANCIÈRE, 8.

CARTE DES ÉTATS
DU MAHARAJA DE JUMMOO et CACHEMIRE

La ligne teintée en bleu désigne les frontières générales, celles teintées en jaune, les limites particulières de chaque État Jummoo, Cachemire et gouvernements (governorships) de Gilgit, Baltistan et Ladakh, ces trois derniers compris sous le nom général de Gouvernements lointains. (Rutlyung) — Les lignes rouges indiquent les explorations les plus intéressantes de l'auteur anglais.

Les altitudes sont indiquées en pieds anglais, les fractions inférieures à mille séparées par un point. Ainsi la plus haute montagne (3.2) dans les monts Karakorum est cotée 28.2 : 28.2 Mille pieds anglais correspondent à 305 mètres. R. signifie rivière ou fleuve. M mont ; P pas ou col.

Cette carte est à l'échelle d'un pouce anglais (inch) pour 32 milles [illegible]

BADAKHSHAN

CHITRAL

Yaghistan Republics

GOVERNORSHIP OF GILGIT

BALTISTAN

ATALIQ GHAZI

Kuenlun Plains

Lingzhithang Plains

JUMMOO

CHINESE TIBET

BRITISH PANJAB

73° East of Greenwich

Paris Imp. Becquet.

Paris E. PLON

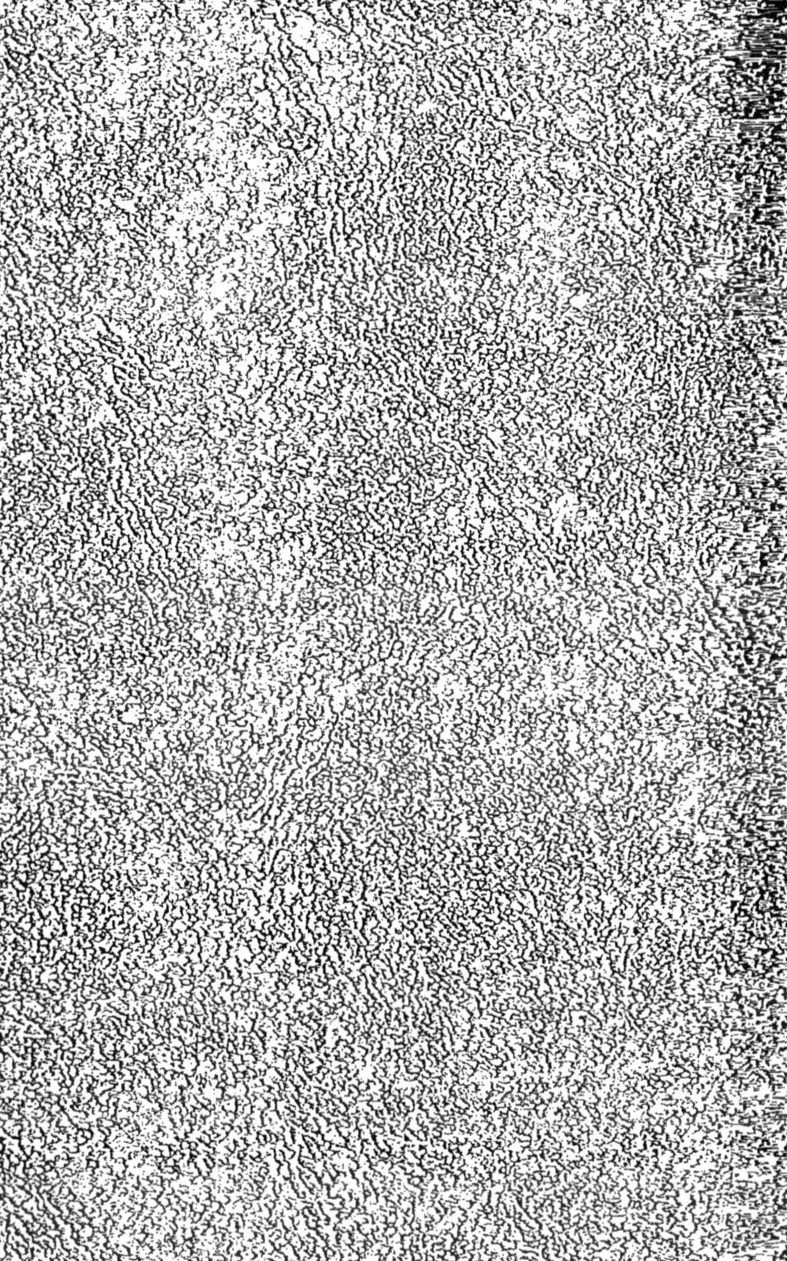

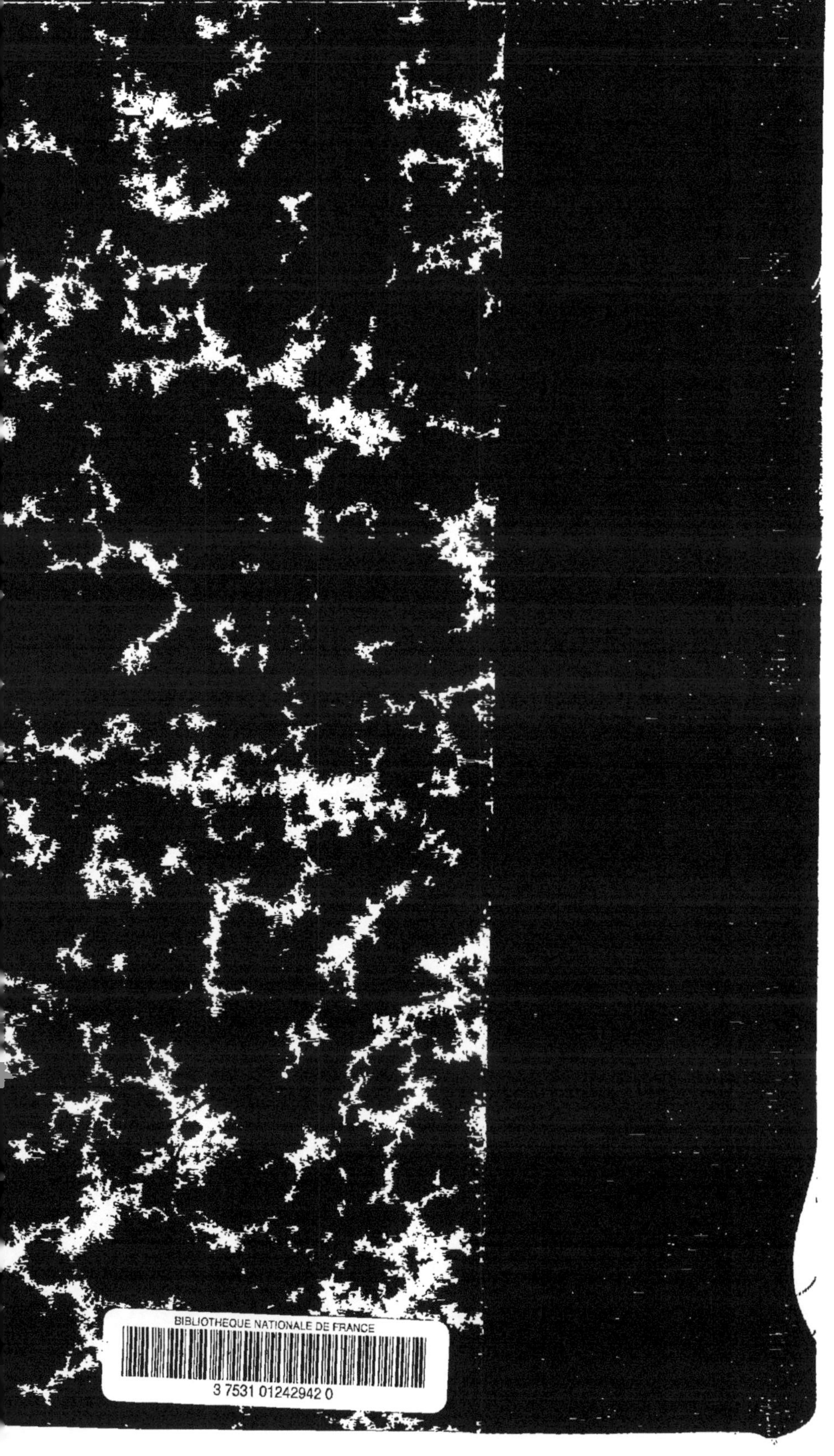
BIBLIOTHEQUE NATIONALE DE FRANCE
3 7531 01242942 0

www.ingramcontent.com/pod-product-compliance
Ingram Content Group UK Ltd.
Pitfield, Milton Keynes, MK11 3LW, UK
UKHW021843190726
13855UKWH00001B/129